滕龙江◎著

活越自在的

自我减压学

超有用的65个宽心法则

黑龙江教育出版社

图书在版编目（CIP）数据

越活越自在的自我减压学 : 超有用的65个宽心法则 /
滕龙江著. -- 哈尔滨 : 黑龙江教育出版社, 2017.7
（读美文库）
ISBN 978-7-5316-9527-1

Ⅰ.①越… Ⅱ.①滕… Ⅲ.①心理压力 - 心理调节通
俗读物 Ⅳ.①B842.6-49

中国版本图书馆CIP数据核字（2017）第199474号

越活越自在的自我减压学
YueHuo YueZiZai De ZiWo JianYaXue

滕龙江 **著**

责任编辑	徐永进
装帧设计	MM末末美书
责任校对	张铁男
出版发行	黑龙江教育出版社
	（哈尔滨市南岗区花园街158号）
印　刷	天津安泰印刷有限公司
开　本	880毫米×1230毫米　1/32
印　张	7
字　数	140千
版　次	2017年10月第1版
印　次	2017年10月第1次印刷

书　号　ISBN 978-7-5316-9527-1　　　　**定　价**　26.80元

黑龙江教育出版社网址：www.hljep.com.cn
如需订购图书，请与我社发行中心联系。**联系电话：**0451-82533097　82534665
如有印装质量问题，影响阅读，请与我公司联系调换。**联系电话：**010-64926437
如发现盗版图书，请向我社举报。**举报电话：**0451-82533087

前言
preface

　　中央电视台的《东方时空》栏目在一个关于养狗还是养孩子问题的讨论时出现过这样的场景：一对年轻的夫妇坐在装修豪华的房间里，边悠闲地抱着宠物狗边慨叹：因为压力大、工作忙，连孩子都不敢养了。有了孩子怕委屈孩子，所以干脆就养条狗以解寂寞吧！听听这些话，装修豪华的房子能买得起，却不敢养孩子。似乎让人觉得现代人的压力真是太大了。

　　生活中，有很多人都不同程度地感觉到压力的存在，从小学生到大学生，从青年人到老年人，从普通职员到企业老板，甚至有的人感到压力无时不在，无从喘息。按理说，现代人生活水平较之以前大大提高了，收入也增加了，物质条件也极大地改善了，怎么还感到压力山大呢？其实，过多的心理压力产生的原因多种多样，但综合起来，主要源于以下几个方面：

　　超负荷的工作压力：如上级领导的不器重、同事间的沟通障碍与竞争、难缠的客户，等等，都会让人觉得压力大。社会节奏迅速加快的同时，都市白领阶层更是被高强度的工作压力所困扰。很多人长期处于高度紧张的工作状态，又因这种状态不能得到及时的调适，久而久之就会产生焦虑不安、精神抑郁等症状，严重的则会诱发心理障碍或精神疾病，甚至导致"过劳死"。

感情和家庭方面的压力：家务劳动的体力付出，伺候老人养育子女付出大量的人力、物力和财力等；生活方面的压力：比如夫妻的情感问题、遭遇健康问题、婆媳关系不好处理，等等，都需要付出大量的心力。在现代社会，由于感情受挫和婚姻变故所引发的心理问题越来越多，有的人因此产生不同程度的心理障碍甚至不理性的过激行为，给家庭和自己造成难以弥补的伤害。然而，随着人们思想观念的转变，离婚率在我国明显呈不断上升的趋势。无疑，离婚不仅给夫妻双方，还会给孩子幼小的心灵造成无法弥补的创伤。据相关调查表明，在我国的离婚人群中，感到心理压力过重的人约占70%，比重之大，不容小觑。

急功近利的心理欲求：人们越来越追求有房有车的物质生活，攀比、虚荣等心理过重。在对金钱或事业的追求上，很多人急功近利，却往往经不起失败的打击。由于他们对成功期望过高而付出又少，结果往往难遂人意，极容易产生失望、失落等情绪。也有一些人因急于求成而拼命工作，不断给自己施加压力，盲目苛求自己，结果却因心有余而力不足导致失败，进而心情沮丧，诱发抑郁症、自闭症等心理疾病。

现代医学证明，心理压力会削弱人体免疫系统，从而使外界致病因素引起机体患病。心理压力过大可能会导致各种心理疾病，如心理失衡、焦虑、抑郁等，也可能进一步引发各种身体上的疾病，比如心跳过速、手心冰冷或出汗、呼吸短促、恶心呕吐、头痛胃痛、腹胀腹泻、肌肉刺痛、思维混乱、健忘失眠、过度亢奋、脾气暴躁、喜怒无常，等等。

此外，还有一个不容忽视的现象，网络世界带来的压力。或许你还没有注意到，但你的确离不开手机了。手机、ipad等电子产品的出现极大地方便了人们的工作和生活，但其负面影响也是不容忽视的。尤其是青少年，他们对网络痴迷的程度达到近乎痴狂的地步。上网也成了现代人生活中重要的部分。适当上网是有益的，但是如果每天将大量的时间都花在玩手机、看视频、刷朋友圈上，就极有可能诱发某些心理疾病。比如，长期上网聊天、网游、网恋，极可能使上网者因沉浸于虚拟世界而影响其对现实社会的正常认知、情感和心理定位，严重者甚至会发生人格分裂。

我为什么这么累？很多人都在心底无奈地提出这个疑问。究其根本原因，还是心态问题。心态好了，一切都好了。只要心态放平稳，就不会感到心力交瘁、力不能及。这就好比压强原理，压力的大小取决于受力面积的大小。在压力不变的情况下，你的心理承受力越大，压力就越小；反之，压力就越大。人们常说压力就是动力，其实不然。压力太大未必就是动力，你幸福的指数取决于你的抗压能力。根据压强原理，只有心宽，路才会宽。只有身心轻松了，你才会成为一个内心丰盈的人。只有塑造自己强大的内心，采取积极主动的行动，比如旅行、冥想、宣泄等，并时时给自己良好的心理暗示，才不会让压力占满你的心灵。

本书用现代思维解读当代人的压力，以及应对压力行之有效的办法。教你从职场、情绪、心态、沟通、行为、潜意识、自我管理等方面，摆脱实际工作和生活中所面对的各种压力，摆脱彷徨、迷茫、怨恨、执迷、浮躁等种种心理，从而轻松走出压力的陷阱，活出一个洒脱的自我。

每一种宽心法则，皆如一剂良方，让你在瞬间看到真实的自己，让你的心灵顷刻间变得无比轻松。

目录
contents

第一章　方法总比问题多——别让无效的工作进度拖累你

第一章
方法总比问题多
——别让无效的工作进度拖累你

对一个人来说，工作是生命中最重要的活动之一。但是，我们经常听到这样的抱怨："工作任务重，我都快喘不过气来了。""职场中的人际关系怎么这么难处理。""为什么老板总是要求我没完没了地加班啊！"……

凡此种种，说明一个问题：你的工作已经失衡，你已不能轻松驾驭你的工作，你已被工作严重地拖累。那么如何才能轻松自如地开展工作，除了要有切实可行的目标、计划之外，还要有端正的态度，讲究方式方法，有效地沟通与合作。无论你选择什么样的工作，只有以认真负责的态度对待工作，你才能够享受工作带来的乐趣，而不是被其所累。

宽心术1：设定明确目标，你也能创造奇迹

目标使人看清使命，世界上有很多对于自己的人生与环境都不满意的人。而据调查，98％对人生与环境不满意的人，对自己心中喜欢的世界是怎样一副面貌都是很模糊的，他们的生活没有要改善的目标。而他们也只能一辈子生活在一个无意去改变的世界里。

确定人生的目标未必会使你活到百岁以上，但是却可以提高你成功的机会。正如有位成功学家说过："普通的职员心中有目标，就可能会成为创造奇迹的人；而心中没有目标的人永远都会很平凡。"

曾任美国财务顾问协会总裁的刘易斯·沃克先生，接受了一家报社记者的采访，就有关稳健投资计划的问题作了回答，当记者问沃克："到底是什么原因才会使人失败？"沃克说："模糊的目标。"

记者感到疑惑，请沃克再讲解详细一点，沃克说：在前几分钟我曾问过你"你有什么样的目标"，你说"希望有一天在山上能拥有自己的一栋小屋"，而这也是一个模糊的目标，问题就出在"有一天"不够具体，也因为不够具体，所以成功的机会就会变得渺茫。

如果你真的想在山上有一栋自己的小屋，那么你首先要找到那座山，了解那栋小屋现在在市场上的价格，然后考虑到能不能升值，再算出6年后能值多少钱；当你作出决定后，算算完成这个目标，你每个月需要存多少钱，多长时间才能如愿。

如果你这样做了，那么，很快你就会在山上拥有自己的一栋小屋，但是如果你只是说说，不去做，那么你的目标就很难实现了。梦想是美好的，但如果没有实际行动的配合，只能是妄想。

在工作中，目标就好像是一盏海上导航灯，指引你前进的方向。设定一个切实可行的工作目标是十分必要的。那么，我们究竟该如何选择或是制定正确的目标呢？应考虑两个方面：一是目标要符合自己的价值观，二是要了解自己目前的状况。

1.设立目标的三要素

（1）目标要有可信性

目标必须要有可信性。目标应当对谁有可信性呢？当然是你自己。别人信不信不重要——你自己不相信，就无法实现。

（2）清楚地界定目标

如果你的目标含混不清，等于没有目标，只是愿望而已。目标必须明确，愈清楚愈好。不要写"我要赚大钱"，而要明确"我要赚××（数额）"。加上期限，比如说"年底前""2018年"。这样才是明确的目标。至于如何赚？赚到钱后要买什么……统统要写清楚。

（3）需要有强烈达到目标的欲望

不只是想要，而是"热切"地欲望。欲望是达成目标的动力，没有"欲望"的目标面对现实时苍白无力。

2.记录并管理你的目标

如果要将自己的目标与梦想化为力量，那么就在你的记事本上画出自己的人生金字塔，也就是自己在工作上希望达到的终极目标。

这就是你的人生未来年表，必须要写的三个重点：列举好梦想与目标后，设立达成的日期；确定现状与梦想的距离；把达成的日期分段。

3.学会知难而退

在某些情况下，你不得不面对知难而退的境况。比如，一个能干且直率的同事，是一个人在工作中所拥有的最重要的资源。在工作方面，经验丰富的工作人员经常会建议新人在何时何地怎么做。他们所提供的信息，通常出自亲身经历，如果你能在行动之前，事先向他们了解信息，就能避免重蹈覆辙，减少不必要的损失。向前辈请教，是个事半功倍的好方法。

当你确定好一个工作目标，你会感觉有一种无形的动力，工作起来就会更加积极主动，从而高效工作。

宽心术2：立一个计划，天下没有难做的工作

做事情要有计划，无论什么事情，从开始拟定计划到最后成功，总是需要一定的时间去切实地贯彻落实。如果没有计划，工作就如一盘散沙。要掌控你的工作，让计划为你导航。

凡事计划，才会有备无患。计划是一切工作的起点，虽然计划赶不上变化，但有了计划，工作才能有条不紊。

古今中外，凡有所成就的人都有极强的计划观念。一个善于利用计划的人必然善于对事务进行计划，他的工作、学习、运动、娱乐、吃饭、睡觉的时间，都是经过周密安排的。一个做事没有计划的人，必然是一个浪费时间的人。

有个名叫约翰·戈达德的美国人，当他15岁的时候，就把自己一生要做的事情列了一份清单，被他称为"生命清单"。在这份排列有序的清单中，他给自己定下所要攻克的127个具体目标，比如，探索尼罗河、攀登喜马拉雅山、读完莎士比亚的著作、写一本书等。在44年后，他以超人的毅力和非凡的勇气，在与命运的艰苦抗争中，终于按计划一步一步地实现了106个目标，成为一名卓有成就的电影制片人、作家和演说家。

成功学专家的研究结果表明，制订计划将极大地提高目标实现的成功概率：制订计划的人的成功概率是从来不制订计划的人

的3.5倍；在成功实现目标的人群中，事先制订计划者高达78％；事先没有制订计划的人仅为22％。

除了制订计划外，坚持计划也是最终成功的一个关键要素。根据调查结果显示，那些坚持计划的人，比那些中途改变计划的人成功概率高出许多，具体来说，前者的成功概率是后者的成功概率的5倍多；坚持计划的人实现目标的成功概率为84％；中途改变计划的人实现目标的成功概率仅为16％。

美国企业家理查·史罗马在《无谬管理》一书中指出："对一件方案，宁可延误其计划之时间，以确保日后执行之成功，切勿在毫无适切的轮廓之前即草率开始执行，而终于导致错失该方案之目标。"

维克托·米尔克是一家现代化大食品公司的技术总监。他的工作直接或间接地受到公司5 000雇员中3 000多人的影响，因此，他总是忙得不可开交。在一次时间管理研讨会上，他谈到了对工作和时间的看法：

米尔克说："现在我不再加班工作了。我每周工作50～55个小时的日子已经一去不复返，也不用把工作带回家做了。我在较少的时间里做完了更多的工作。按保守的说法，我每天完成与过去同样的任务后还能节余1个小时。我使用的最重要方法是制订每天的工作计划。现在我根据各种事情的重要性安排工作顺序。首先完成第一号事项，然后再去进行第二号事项。过去则不是这样，我那时往往将重要事项延至有空的时候去做。我没有认识到次要的事项竟占用了我的全部时间。现在我把次要事项都放在最后处理，即使这些事情完不成我也不用担忧。我感到非常满意，同时，我能够按时下班而不会心中感到不安。"

计划是成功之始。有计划地做事，这样可以提高工作效率，快速实现目标。

计划要每日、每周、每年都要做。在具体的行动中，最重要的是将我们的时间按长短做出周期性的安排，这样有助于我们合理利用不同阶段的时间来做短、中、长期计划表。

有些人总是抱怨自己的不成功，却很少去想，一个成功的人除了要付出更多的努力外，而且还要有一套有效的工作方法。成功者的工作效率通常是别人的二三倍。有的人将每日的工作效率提高一倍，成功几率便相应增加一倍。只要不断积累经验，善于总结，就可以摸索出一套适合自己的工作方法，从而提高每日的工作效率，实现目标。

如果大家想制订计划，准备把自己的时间安排得更好，下面这6点要诀将会对大家有很大帮助：

1.计划要详尽而且实际。

2.确定开始和完成的期限。

3.每天都计划做些事，让自己逐步接近目标。

4.尽量利用最有效率的时刻。

5.为那些需要创意和较长时间的事情留出整块时间。

6.负责任地制订计划，承担计划带来的责任。

宽心术3：主次分得清，工作就会得心应手

很多时候，人们总是被习惯束缚着自己的手脚，在处理问题时总是根据事情的紧迫性，而不是按事情的优先程度来安排先后顺序，这样的做法是被动的，成功人士不可能这样工作。

时间管理的精髓在于：有主次之分，设定优先顺序。即把要做的事情分成等级和类别，先做最重要的事，再做次要的事。优先保证最重要的事情的时间，就能优先保证做好最重要的工作，从而能够从大局上控制时间的价值。

比尔·盖茨认为：那些高效率的人，不管做什么事情时，首先都用分清主次的办法来统筹做事。

如何分清主次，大幅度提高自己的做事效率，比尔·盖茨归纳了三个判断标准：

1.应该明白我们必须做什么

这有两层意思：是否必须做，是否必须由我做。非做不可，但并非一定要你亲自做的事情，可以委派别人去做，自己只负责督促。

2.应该明白什么能给我最高的回报

应该用80％的精力来做能带来最高回报的事情，而用20％的精力做其他事情。所谓"最高回报"的事情，即是符合"目标

要求"或自己会比别人干得更高效的事情。最高回报的地方，也就是最有生产力的地方。这要求我们必须辩证地看待"勤奋"。

"业精于勤荒于嬉"。勤，在不同的时代有其不同的内容和要求。过去人们将"三更灯火五更鸡"的孜孜不倦视为勤奋的标准，但在快节奏高效率的信息时代，勤奋需要新的定义了。勤要勤在点子上（最有生产力的地方），这就是当今时代"勤"的特点。

前些年，日本大多数企业家还把下班后加班加点的人视为最好的员工，如今却不一定了。他们认为一个员工靠加班加点来完成工作，说明他很可能不具备在规定时间内完成任务的能力，工作效率低下。社会只承认有效劳动。

3.应该清楚什么能给我们带来最大的满足感

最高回报的事情，并非都能给自己最大的满足感，均衡才有和谐满足。因此，无论你地位如何，总需要分配时间做令人满足和快乐的事情，只有这样，工作才是有趣的，并容易保持工作的热情。通过以上"三层过滤"，事情的轻重缓急就很清楚了，然后，以重要性优先排序（注意，人们总有不按重要性顺序办事的倾向），并坚持按这个原则去做，你将会发现，再没有其他办法比按重要性办事更能有效利用时间了。

在人们的日常生活中，会遇到很多这样或那样的事情，虽然有些都不是眼前最急迫的事情，但是对于长远、大局来说却有着重大的意义。比如锻炼身体，锻不锻炼眼前看不出多大差别，但是对于长远来说却极为重要，有极深远的效益。有些人不舍得在这类事上花费时间，实在很不明智，与长远计算的总账相比很不划算。

在效率的管理上，要兼顾长远性与急迫性，要高度重视对眼前虽不紧急但有深远影响的事务的处理。这一法则，把效率管理上升到了战略高度。

4.不仅要掌握效率管理的法则、技巧，还需要苦练惩治懒惰的功夫

效率管理与情绪治理是彼此制约、相辅相成、同步发展的关系。如果没有积极、兴奋的情绪，哪怕掌握了很多效率管理的法则、技巧也无济于事。那些对工作、对生活充满了消极情绪的人，那些懒于奋斗、不求上进的人，又怎么能够提高效率，成功地做好每一件事情呢？

宽心术4：多关注细节，做起事来更轻松

任何一件事情都是从简单做起，从细微处入手。已故总理周恩来就是关注小事、成就大事的风范，很值得我们学习和借鉴。

当年，尼克松访华的时候就敏锐地发现，周恩来具有一种罕见的本领，他对一些事情的细节非常认真。因为他发现，周恩来总理在晚宴上为他挑选的乐曲正是他所喜欢的那首《美丽的阿美利加》。

有一次，北京饭店举行涉外宴会，周恩来在宴会前了解饭菜的准备情况时，他问："今晚的点心是什么馅？"一位工作人员随口答道："大概是三鲜馅吧。"这下可糟了，周恩来追问道："什么叫大概？究竟是，还是不是？客人中间如果有人对海鲜过敏，出了问题谁负责？"

周恩来正是凭着一贯提倡注重细节、关注小事的作风，赢得了人们的称赞和爱戴。

看不到细节，或者不把细节当回事的人，对工作缺乏认真的态度，对事情只能是敷衍了事。这种人只是当作一种不得不接受的苦差事，因而在工作中缺乏热情。而考虑到细节、注重细节的人，不仅能够认真地对待工作，将小事做细，并且注重在做事的细节中找到机会，从而使自己走上成功之路。

老子曾说："天下难事，必做于易；天下大事，必做于细。"他精辟地指出了想成就一番事业，必须从简单的事情做起，从细微之处入手的道理。

注重细节，达到精益求精的程度，也是职业人士的态度。如果你正在为留住客户而感到力不从心，你是否也试着从一些细节入手呢？

把事做到精益求精、尽善尽美，不但能够使你迅速进步，并且还将大大地影响你的性格、品行和自尊心。任何人如果要瞧得起自己，就非得秉持这种精神去做事不可。精益求精是追求成功的卓越表现，也是生命中的成功品牌。精确与对工作的忠诚是一对孪生兄弟，一个人做事精确的良好习惯要远远超过他的聪明和专长。如果一个职业人士在工作中技术精湛、本领过硬、态度严谨，那么他必定能出类拔萃、脱颖而出。

对一种商品来说，质量好、性能优越是世界上最好的广告。

约纳斯·奇科林开始给一个琴行老板工作的时候，就以他的一丝不苟、吃苦耐劳著称。对他来说，每个环节都不是小事，他不在乎花多少时间和精力，他唯一的愿望就是一定要精益求精。很快他就自己开了家琴行，从此，他决心要造出最好的钢琴，使其旋律更丰富、饱满，演奏者更有力，同时又能保持音色的纯正。因此，他每制作一架钢琴，都要求质量能够超过原来的成品，他要的就是质量上的完美。在他此后的职业生涯中，他所制造的全部乐器最后都由他把关，这项工作他从来不交给任何人。他不能容忍生产或者销售中出现的任何违反规定的做法。

正是借助这些品质，奇科林把竞争对手远远地甩在了后面。

一次，马萨诸塞州有一个琴行老板经过议会的允许，把自己的名字也改成了奇科林，并把这个名字堂而皇之地印在他制造的钢琴上，约纳斯·奇科林马上向州议会提出抗议，那个琴行老板，只好把名字又改了回来。这里可以看出，一种个性上的特征既可以有伦理参考的价值，也可以有商业的价值。

无论何时何地，这些名字就像商标和专利一样，成了诚实可靠的同义语，因为这个名字代表忠诚、敬业和精益求精。

全力以赴、力求至善的精神，对人一生的影响是不可估量的。差之毫厘，谬以千里。平庸和卓越，一般和最好之间有着巨大的差别。只要我们对自己所做的一切精益求精，顽强奋斗，我们终究会磨炼出超人的才华，激发出潜伏的高贵品质。一旦这种力求至善的精神主宰了一个人的心灵，渗透进一个人的个性中，它就会影响一个人的行为和气质。做事追求完美的人，他不会轻易放弃他坚定的信念，没有什么比圆满地完成一项工作、一件完美的作品更加令人愉快，更加令人感到满足的事情了。

每一个细节都是100%，只有多关注细节，你的工作才能做得更出色。

宽心术5：主动和领导沟通，开展工作更顺利

沟通是合作的基础，沟通的重要职能就是交流信息，互通有无，是人与人之间交往的桥梁，有沟通，才有理解。有沟通，才能更好地合作。

上下级之间良好的沟通可以让员工感到自己是公司的一员，充分调动员工的主人翁意识，可以提高士气、激发工作热情、提高工作技能及实现生活目标。要想在工作顺利开展，就要从有效沟通开始。

在工作中，你要试着经常与你的领导握握手，让他知道你在想什么、做什么，让他知道如何才能更好地管理员工。他并不是你的对头，而是你工作中的朋友。与领导沟通要有技巧。一般而言，主动与领导沟通的员工应遵循以下原则：

1.沟通中做到"不卑不亢"

虽然你所面对的是领导，但你也不要慌乱，不知所措。不可否认，领导喜欢员工对他尊重。然而，不卑不亢这四个字是最能折服领导，最让他受用的。员工在沟通时若尽量迁就领导，本无可厚非，但直白点讲，过分地迁就或吹捧，就会适得其反，让领导产生反感心理，反而妨碍了员工与领导的正常关系和感情发展。你若在言谈举止之间，表现出不卑不亢的样子，从容应对，

反而容易让领导认为你有大将风度，是个可选之材。

2.双方是平等的

在主动交流中，不争占上风，事事替别人着想，能从领导的角度思考问题，兼顾双方的利益。特别是在谈话时，不以针锋相对的形式令对方难堪，而能够充分理解对方。那么，你的沟通结果常会是皆大欢喜。

3.与领导沟通要简洁明了

领导都有一个共同的特性，就是事多人忙，加上讲求效率，所以最不耐烦长篇大论。因此，你要引起领导注意并很好地与领导进行沟通，应该学会的第一件事就是简洁。简洁最能表现你的才能，用简洁的语言、简洁的行为来与领导形成某种形式的短暂交流，常能达到事半功倍的良好效果。

4.千万不要贬低别人抬高自己

在主动与领导沟通时，千万不要为标榜自己而刻意贬低别人。这种褒己贬人的做法，最为领导所不屑。与人沟通，就是把自己先放在一边，突出领导的地位，然后再取得对方的尊重。当你表达不满时，要记着一条原则，那就是所说的话对"事"不对"人"。不要只是指责对方做得如何不好，而要分析不足，这样沟通过后，领导才会对你投以赏识的目光。

5.善于倾听领导的观点

沟通的前提是了解。领导不喜欢只顾陈述自己观点的员工。在相互交流中，更重要的是了解对方的观点，不急于发表个人意见。以足够的耐心，去聆听对方的观点和想法，是最令领导满意的。

6.去说服领导

对于日新月异的科技潮流，你都应当有所了解。广泛的知识面，可以支持自己的论点。你若知识浅陋，对领导的问题就无法做到有问必答，条理清楚。而当领导得不到准确的回答，时间长了，他对员工就会失去信任和依赖。

7.谈论领导喜欢的话题

打动领导的最好方法是跟老板谈论他最喜欢的事物。当你这样做时，不仅会受到欢迎，而且会使交流获得扩展。

因此，若你想让领导喜欢你，若想更顺利地开展工作，秘诀就是了解领导的兴趣，针对领导所喜好的话题聊天。

宽心术6：先做重要事，后续工作无忧愁

做任何事情我们应该坚持的一个重要原则就是：先做最重要的事。

潘德夫毕业后，应聘来到一家大型公司做总经理助理。刚到任时，总经理向他介绍了公司的情况和现状，并且交给他两件需要办理的事情，一件是资金周转问题，另一件是员工的日常需要供给问题。

在大学时潘德夫学的是金融专业，认为自己有筹集资金的特长，因而产生了一个很实际的想法，将解决资金周转的问题放在最重要的位置上。这引起了公司绝大多数员工的不满，潘德夫几乎很少去处理那些日常事务。

没过多久，公司的资金周转问题彻底解决了，潘德夫这才转过来致力于员工的日常需要问题。虽然后来他将员工的那些问题解决得很圆满，但许多员工依旧对他抱有成见，最后，他不得不选择离开。

后来潘德夫深有感触地说："我的失误就在于没有将总经理交办的任务分出主次，与下属、上级都沟通得不够。如果我将员工的实际问题放在最重要的位置，也许会出现截然相反的结果。但现在说什么都晚了。"

在处理工作中的事件时，有一个重要的原则就是先做最重要的事，而不是紧急的事。我们的时间都是有限的，有很多人之所以很忙碌却仍然没有效率，是因为他们把大量的时间花在了紧急的事情上，而那些事情对于他自己来说却根本不重要。

被美国《时代》杂志誉为"人类潜能的导师"的史蒂芬·柯维博士曾经这样说过："人类的重要任务就是将主要事务放到主要的位置上。"

有的员工经常是眼前的工作让他们头疼不已，又不得不丢下手头的工作去面对其他待做的工作，不但琐事缠身，且毫无效率。这些人往往事情迫在眉睫，就不想动手去做。于是，因拖拉导致工作期限监控时就会变得更加忙乱，但是也更加没有效率。

而高效率的习惯是把注意力集中在那些重要但不一定紧急的事情上。这些工作可能会决定着你将来的发展，尽管表面看上去并不是十分紧急，但是却是真正需要投入精力去做的事情。你需要弄清楚哪些工作是真正重要的，能够让你获得更大的收益，并且把这些事排在日程表上最重要的位置。当你能够这样分配你的工作时间时，尽管你的工作中也会出现燃眉之急，但不会被压力压垮。

一位教授在给即将毕业的学生上最后一次课。令学生们不解的是，讲桌上放着一个大铁桶，旁边还有一堆拳头大小的石块。

"我能教给你们的都教了，今天我们只做一个小小的测验。"

教授把石块一一放进铁桶里。当铁桶里再也装不下一块石头时，教授停了下来。教授问："现在铁桶里是不是再也装不下什么东西了？"

"是。"学生们回答。

"真的吗？"教授问。随后，他不紧不慢地从桌子底下拿出了一小桶碎石。他抓起一把碎石，放在已装满石块的铁桶表面，然后慢慢摇晃，然后又抓起一把碎石……不一会儿，这一小桶碎石全装进了铁桶里。

"现在铁桶里是不是再也装不下什么东西了？"教授又问。

"还……可以吧。"有了上一次的经验，学生们变得谨慎了。

"没错！"教授一边说，一边从桌子底下拿出一小桶细沙，倒在铁桶的上面。教授慢慢摇晃铁桶。大约半分钟后，铁桶的表面就看不到细沙了。

"现在铁桶装满了吗？""还……没有。"学生们虽然这样回答，但心里其实没底。"没错！"教授看起来很兴奋。这一次，他从桌子底下拿出的是一罐水。他慢慢地把水往铁桶里倒。水罐里的水倒完了，教授抬起头来，微笑着问："这个小实验说明了什么？"

一个学生马上站起来说："它说明，你的日程表排得再满，你都能挤出时间做更多的事。"

"有点道理。但你还是没有说到点子上。"

教授顿了顿，说："它告诉我们：如果你不是首先把石块装进铁桶里，那么你就再也没有机会把石块装进铁桶里了，因为铁桶里早已装满了碎石、沙子和水。而当你先把石块装进去，铁桶里会有很多你意想不到的空间来装剩下的东西。在以后的职业生涯中，你们必须分清楚什么是石块，什么是碎石、沙子和水，并且总是把石块放在第一位。"

宽心术7：工作狂有啥好，轻松工作才是真

在这个以结果说明一切的时代，人们不会关注你的过程，结果更重要。聪明工作比努力工作重要，每一个老板都愿意要一个脑瓜灵活的员工。任何事情都有规律和技巧，聪明人懂得用最好的办法，花最少的力气最好地完成任务。记住，工作狂并不代表成绩。想要轻松工作，就要聪明地完成工作。

美国前总统罗斯福说："克服困难的办法就是找办法，而且，只要去找，就一定有办法。"

在工作中如果我们遇到了难题，就应该坚持这样的原则：找方法，而不是找借口。

美国福特汽车公司是美国最早、最大的汽车公司之一。1956年，该公司推出了一款新车，不仅式样功能都很好，价钱也不贵，但是却销路平平。公司的经理们绞尽脑汁也找不到让产品畅销的办法。这时，在福特汽车销售量居全国末位的费城地区，一位毕业不久的大学生对这款新车产生了浓厚的兴趣，他就是艾柯卡。

艾柯卡当时是福特汽车公司的一位见习工程师，本来与汽车的销售毫无关系。但是，为解领导新车滞销之忧，他开始琢磨起来。后来，他向经理提出了一个创意，在报上登广告，内容为：

"花56美元买一辆56型福特。"这个创意的具体做法是：谁想买一辆1956年生产的福特汽车，只需先付20%的货款，余下部分可按每月付56美元的办法逐步付清。

他的建议得到了采纳。结果，这一办法十分灵验，"花56美元买一辆56型福特"的广告人人皆知。"花56美元买一辆56型福特"的做法，不但打消了很多人对车价的顾虑，还给人创造了"每个月才花56美元，实在是太合算了"的印象。

奇迹就在这样一句简单的广告词中产生了：短短3个月，该款汽车在费城地区的销售量就一跃成为全国冠军。

艾柯卡的才能很快受到总部的赏识，总部将他调到华盛顿，并委任他为地区经理。后来，艾柯卡不断地根据公司的发展趋势，推出了一系列富有创意的举措，最终坐上了福特公司总裁的宝座。

艾柯卡之所以成功，很大程度上取决于他勇于挑战难题。在复杂的职场中，正是秉持这一原则，艾柯卡不断力争上游，才得以成功。

生命是自己的，想活得积极而有意义，就要勇敢面对问题，向高难度的工作挑战，这是对自己生命的提升，也是让人生价值最大化的一个快捷途径。在工作中主动找方法解决问题并能找到办法解决问题的员工，总能在关键时刻抓住机会并脱颖而出。

杨先生是浙江温州人，10多年前，他在欧洲一家中等规模的保健品厂工作。公司的产品不错，但知名度却很有限。

他从推销员干起，一直做到主管。一次他坐飞机出差，却遇到了意想不到的劫机。度过了惊心动魄的10个小时之后，在各界的努力下，问题终于解决了，他可以回家了。就在要走出机舱的一瞬间，他突然想到在电影中经常看到的情景：当被劫机的人从机舱走出来时，总会有不少记者前来采访。何不利用这个机会，宣传一下自己的公司形象呢？

于是，他立即从箱子里找出一张大纸，在上面浓描重抹了一行大字："我是××公司的××，我和公司的××牌保健品安然无恙，非常感谢抢救我们的人！"

他打着这样的牌子一出机舱，立即就被电视台的镜头捕捉住了。他立刻成了这次劫机事件的明星，很多家新闻媒体都对他进行了采访报道。

等他回到公司的时候，公司的董事长和总经理带着所有的中层主管，都站在门口夹道欢迎他。原来，他在机场别出心裁的举动，使得公司和产品的名字几乎在一瞬间家喻户晓了。

公司的电话都快打爆了，客户的订单更是一个接一个。董事长动情地说："没想到你在那样的情况下，首先想到的竟然是公司和产品。毫无疑问，你是最优秀的推销主管！"

董事长当场宣读了对他的任命书：主管营销和公关的副总经理。之后，公司还奖励了他一笔丰厚的奖金。

能够适应复杂的工作，是企业考核一名员工的关键因素之一。工作中，习惯逃避问题的人常常表现得束手无策，而那些勇于面对问题的人，不仅能够很好地适应复杂的工作，还能够在压力下作出积极反应，甚至还能在压力中得到激励。

不做工作狂，只要找对解决问题的方法，你就可以轻松快乐地工作。

宽心术8：借助团队的力量，工作起来更省力

在快速发展的现代企业中，传统意义上的单打独斗已经不合时宜，团队配合已经成为必然。因为个人的力量总是有限的，与人联合才可以壮大自己。企业的命运和利益也就是每个员工的命运和利益，个人要想获得更大利益，只有让企业获得很大的利益。每个员工都应该具备团队精神，融入团队，把整个团队的荣辱同自己联系起来，在尽自己本职的同时做好和团队其他成员的协同合作。借助团队的力量会让你更加出色地完成工作。

杰克不仅拥有很高的学历，工作成绩也很突出，堪称公司辛勤工作的典范。

公司老板对他所做的工作评价很高。按照他的才能，他早就应该晋升到更高职位了，可他现在依然在原地不动。

杰克不明白，为什么那些能力比他差的人都得到了晋升，而他的职位却一直很可怜，连私人办公室都没有。

原来，造成这种状况的一个很重要的原因就是，杰克不喜欢与他人合作。他只是埋头干自己的工作，不喜欢和大家交流，如果公司其他成员需要他的协助，他不是拒绝就是很不情愿地参与。有时他宁可事事亲力亲为，也不向同事求助。

杰克这样的孤军奋战，老板又怎么可能让他去带领一个团

队呢?

一个人对自己所在的团队负责，就是在对自己负责，因为他的生存离不开团队。他的利益和团队密切相关。你若孤军奋战，即使影响不到别人，也不会对自己有多大的益处。何况在工作过程中，与他人和谐相处、密切合作是一个优秀员工所应具备的必不可少的素质之一，越来越多的公司把是否具有团队协作精神作为甄选员工的重要标准。团队协作不是一句空话，一个懂得协作、善于协作的员工，是推动工作前进的极好的润滑剂。工作能力强，具有团队协作精神的员工是公司高薪聘请的对象。而一个不肯合作的"刺头"，势必会被公司当作木桶最短的一块木板剔除掉。

有一家著名的公司招聘高层管理人员，有9名优秀应聘者过关斩将，从众多应聘者中脱颖而出，老总看过这9个人详细的资料和初试成绩后，相当满意。但此次招聘只能录取3人，最后由老总拍板定夺。

所以最后又加了一道测试：老总把这9个人随机分成甲、乙、丙三组，指定甲组的3个人去调查本市婴儿用品市场，乙组的3个人调查妇女用品市场，丙组的3个人调查老人用品市场。老总解释说："为了避免大家盲目开展调查，我已经叫秘书准备了一份相关行业的资料，走的时候自己到秘书那里去取！"

到了规定日期，9个人把自己的市场分析报告送到了老总那里。老总看完后，站起身来，走向丙组的3个人，向他们祝贺道："恭喜三位，你们已经被本公司录取了！"老总看着大家疑惑的表情，呵呵一笑，说："请大家打开我叫秘书给你们的资料，互相看看。"

原来，每个人得到的资料都不一样，甲组的3个人得到的分别是本市婴儿品市场过去、现在和将来的分析，其他两组的也类似。老总说："丙组的3个人很聪明，互相借用了对方的资料，补全了自己的分析报告。而甲、乙两组失败的原因在于，他们没有合作，忽视了队友的存在！要知道，团队合作精神是现代企业成功的保障。"

虽然每一位老板都希望自己的员工精明强干，能独当一面，但个人的表现优秀并不一定就能被老板委以重任。老板重视的是整体效应，即"一花独放不是春，百花齐放春满园"。你如果像一只发现了远处有一片鲜花的蜜蜂那样，不肯将花源告诉你的同伴，只顾自己采花，那么，你酿的蜜再多，也多不过一群蜜蜂酿的蜜！

一个人的表现再突出，如果忽略了和团队的整体合作，或者根本就不能或不屑于团队合作，从长远角度来讲，既不会为团队带来持久利益，个人价值的实现也必将遥遥无期。

其实，要做一个成功事业的跋涉者，保证你事业有成的诀窍之一，便是让与你共事的人喜欢你、欣赏你。同时，你也只有在团队成员的帮助下，才能最大限度地发挥自己的才能，并成为团队中举足轻重的成员。

宽心术9：避免不必要的干扰，轻松工作不累脑

人的一生是有限的，如果一个人能活到70岁，全部时间就是60万个小时。一位著名的学者在他的一本关于有效管理时间的书中写道："关于管理者的任务的讨论，一般都是从如何做计划说起。这样看来很合乎逻辑。可惜的是管理者的工作计划，很少真正发生作用。计划常常只是纸上谈兵，很少转变为实际行动。根据我观察，有效的管理者不是从他们的任务开始，而是从掌握时间开始，他们并不以计划为起点，而是以认清他们的时间用在什么地方为起点……"

在当今的社会工作中，时间被看得越来越重要，能否有效地运用时间，成为决定业绩大小的关键因素。时间无法开拓、积存或是取代，每个人一天的时间都是相同的，但是每个人对待时间的态度不同。我们想要有效地管理时间，就要避免不必要的干扰，不被无关的人和事占用。

做事情要分清轻重缓急，才能够集中精力把事情做好，这就必须避免一些不必要的干扰。

1.我们要为自己营造一个良好的工作环境；

2.将种种琐事进行归纳整理，这样工作起来会条理清晰；

3.委婉拒绝别人的托付。

那么如何处理各种干扰呢？

1.处理来自上级的干扰

我们对来自上级的干扰，相对来说是不好处理的，因为你不可能直接拒绝上司。一般来讲，来自于上级的干扰往往是由于上级不能很好地体谅下级，或者其本人是一个令人讨厌的人（他喜欢把下级当作机器一样来使唤）。

为了排除上级的干扰，不浪费时间，我们可以试试以下四个秘诀：

（1）和上级商量，与上级一起制定你的预定日程表。这样，上级就清楚了你的工作安排了，就不会再干扰你，打乱你的预定日程。

（2）定期与上级接触，报告工作，询问他有无工作需要你去做。

（3）当你要完成重要的工作，而周围确实干扰太多时，你就明智地在公司以外的地方找一个工作场所。

（4）使你的日程表和上级的日程表同步、协调起来，就能够减少上级对你的额外干扰。

2.处理来自下级的干扰

作为上级，当然也存在被下级干扰的可能。只有上下级之间配合默契，才能使工作顺利完成。对于下级来说，不理解上级的意图，就要为一件事情反复地向上级请示汇报，就会给上级造成干扰。

作为上级，如果能够做到以下几点，就能较好地减少来自下级的干扰。

（1）对下级不仅仅采取直接面谈的方式，你可以鼓励他们使用备忘录。

（2）每天抽出一点时间解答下级的问题，以免他们随时向你请示汇报，打扰你的正常工作。

（3）不在公司内来闲逛。这样就会很容易使下级想向你找事情来请示，干扰你的正常工作。

（4）对于下级的请示要及时给予答复，态度明确，观点鲜明，以免下级不能领悟你的意图，而反复地向你请示。

（5）给下级充分的权力和相应的责任。让下级去做某项工作，就给予他充分的权力。

3.处理来访者的干扰

突如其来的来访者，也是打扰我们正常工作的一个主要干扰源。凡是想来拜访你的人，不管是谁，他都是认为有一定的理由的，故而会不经过预约，就前来找你。

对于已经预约的来访者，也同样要注意会谈的时间，尽量不要超过限定的时间。在与对方交谈时，我们要引导双方的谈话，不要让对方把话题扯到一边去。当对方将话题扯到一些没有意义的话题上去时，你可以提一些问题把它拉回原来的方向。如果对方的谈话没有条理，不合逻辑，则你也没有必要让对方硬要接受你的想法，而是想办法引导其思维，使其意识到自己的谈话不合逻辑，从而达到较好的谈话效果。

当你感到你们的谈话已经没有必要持续，或者谈话时间已经快要结束了，而对方却还在磨磨蹭蹭地不想回去时，你可以采取一些带有暗示性的方法来结束你的会谈。

宽心术10：不想接受就拒绝，不让工作受影响

我们生活在一个复杂的群体中，工作也不再是一个人的事情，总会与其他人合作或共处，所以难免会受到他人的干扰，这是无法避免的。但是每个人都希望在工作中不要受到他人的打扰，在自己沉浸于工作之中的时候，不要有不速之客来造访。要专心工作，做个高效能人士，就要合理安排时间、统筹规划，不被乱七八糟的事情所左右。这就要求我们在工作中学会拒绝。

古希腊数学家毕达格拉斯曾经说过："'是'和'不'这两个最简单、最熟悉的字，是最需要慎重考虑的字。"我们要想在工作中不受他人打扰，除了掌握各种时间的支配方法之外，还要善于说"不"，巧妙地拒绝这些不速之客，有效掌控我们的工作。

那么，在什么情况下我们应该说"不"呢？说"不"的指导原则是什么呢？答案是：要确立目标，划定自己的职责、能力范围，制定一个标准，看看这件事是不是值得花时间、精力去做。如果某项工作并不在自己职责范围内，不值得在它身上耗费时间和精力，那我们就要坚决地说"不"，决不犹豫。

每个人都希望得到你的注意。而注意别人又会占用你的时间。当你正在集中精力忙手头上的工作时，别人却要求你做其他

事情，你往往很难作出决定。有时候你不如直接答应别人，那样可能更省事——你至少不用花费时间去解释你为什么要拒绝。可另一方面，你并不希望总是牺牲自己的时间去做额外的事务，牺牲自己的利益去满足别人。

但是，要知道你不可能满足所有人的所有要求——你根本没有足够的时间。所以当有人向你提出请求的时候，你必须学会根据对方在你心目当中的重要性以及你不做这件事情所产生的后果来安排次序。如果提出要求的那个人在你心目当中并不重要，那你完全可以拒绝对方。如果对方要求你做的事情并不重要，那你也应该立刻表示拒绝。

在工作中每个人都有自己的任务，虽然帮助同事是种好的品质，但若妨碍了自己的工作则应该学会拒绝。

当然，拒绝他人不是件容易的事，需要一些技巧。例如，拒绝接受不善体谅他人而又十分苛刻的上司的要求，通常都被视为不可能的事。但是，有些老练的人却深谙回拒方法，经常将来自上司的原已过多的工作，按轻重缓急编排好办事优先次序表，当上司提出额外的工作要求时，即展示该优先次序表，让上司决定最新的工作要求在该优先次序表中的恰当位置。这种做法具有三个好处：让上司做主裁决，表示对上司的尊重；使新的工作要求能被办理；可避免上司误会他在推卸责任。

下列9项有关拒绝接受请托的要领，可供大家参考：

1.要耐心倾听请托者所提出的要求。以确切地了解请托的内涵，以及对请托者的尊重。

2.拒绝接受请托时，你在表情上应和颜悦色。再设法加以拒绝。

3.拒绝接受请托的时候，应显示你已充分了解到这种请托对请托者的重要性。

4.拒绝接受请托者，你最好能对请托者指出拒绝的理由。

5.切忌通过第三者拒绝某一个人的请托，因为不仅显示你的懦弱，而且在请托者心目中会认为你不够诚挚。

6.拒绝接受请托之后，如有可能你应为请托者提供处理其请托事项的其他可行途径。

7.如你无法当场决定接受或拒绝请托，则要明白地告诉请托者你仍要考虑，以消除对方误以为你是在以考虑作挡箭牌。

8.要令请托者了解，你所拒绝的是他的请托，而不是他本身，即对事而不对人。

9.拒绝接受请托时，你应显露坚定的态度。

只要将以上9种要领运用巧妙，存乎一心，你就能退掉不必要的请托，从而为自己的工作争取更多的自由时间。

第二章
你就是想得太多
——别让多余的想法束缚你

　　生活中很多人都犯这个毛病：只想不做。晚上想了千条路，第二天白天还是走老路。这样的人，谈何成功？有的人不仅只想不做，还天马行空地想很多不着边际的事。这不仅占据了宝贵的生命时间，还会影响心境，耽误其努力的进程。有时候，想得越多越苦恼，心情越郁闷。在此想法太多，非但不好，还会害了你。那么，从现在开始，你要将多余的想法坚决剔除。

宽心术11：失去就失去，何必给自己添堵

很多的烦心事都是自己找的，一个人不让自己烦恼，别人很难让他烦恼，让他生气。

一次，美国总统罗斯福家中失盗，被偷去了许多东西，一位朋友闻讯后，忙写信安慰他，劝他不必太在意。罗斯福给朋友写了一封回信："亲爱的朋友，谢谢你来信安慰我，我现在很平安。感谢上帝！因为：第一，贼偷去的是我的东西，而没有伤害我的生命；第二，贼只偷去我部分东西，而不是全部；第三，最值得庆幸的是，做贼的是他，而不是我。"

失盗本来就是不幸的事了，如果因此生气、伤心或者埋怨，只能让烦恼雪上加霜。然而，罗斯福将这件事当作一件好事，并找出三条感恩的理由，这无疑是一种常人难以企及的境界。

这样的理由其实也可以用到情感方面。好多人失恋以后，便感觉到天也变了，地也变了，要死要活的，找不到自己。

当然遇到大的变故，适当的情绪发泄，也没有什么不妥当的。但是不能过头。想想人的一生，活着的时间也就那么几万天，快乐过也是一天，郁闷过也是一天。所以说，不光是失去什么东西，即使遇到更大的人生变故，也要找到自我化解的方法，一定不能给自己添堵。无论遇到什么变故都要懂得放弃。这样才

能够不为打翻的牛奶瓶而哭泣。

人生总会有得失，不断地在得失间取舍。有时候，虽然取舍时很难下抉择，却不得不面对现实。面对取舍时，我们应"随处做主，立处皆真"。

"随处做主，立处皆真"是佛家在《金刚经》里的一句话，意思是说不要随顺自己的各种烦恼，看世相的时候能够知晓它的缘生缘灭，内心不那么执着、不起妄念、不贪嗔，能够勇敢担当，做好一己的本分，不为外界的烦恼而困扰，不因流言蜚语而困惑，这边是"随处做主，立处皆真"。若能随处做主，处处都是真的。

无论什么场合，我们都会面临难以选择的局面。比如在选择工作时，"这里的前景好像不错"；"这家公司的条件不错呀"；"要是按兴趣选择的话，这家更好"；"如果考虑薪资的话，这家也不错"……

由于选择项过多，我们迷失了方向，对自己的判断力失去了信心，进而不知道自己到底是去做什么好呢。本来，我们在选择工作的时候，"自己想做什么"才是最关键的考虑因素。因为选择什么样的工作与"如何生活下去"密切相关。

过多信息的涌现，使我们无法辨别什么才是"自己想做的事情"和"自己喜欢的生活方式"。这种情况，谁都会遇到，人生中所要面临的选择太多了。而如何避免这种情况，或者说做到最佳的选择，这就需要我们用心和专注。用心就是好好思考，问自己到底需要的是什么。专注就是选择以后一心一意去面对，去做好。这样的话，无论在何时，身处何地，你都能成为自己的主人。

宽心术12：别为小事抓狂，事实未必如你所想

人的社会性决定了我们每个人都会遇到不少人，经历不少事，而要能够正确做人处事，就得有正常的心态和处理事务的能力。而少一分计较，多一分包容；少一分患得患失，多一分豁达坦然，便是做人处事的最大智慧。

《淮南子》中曾有这样一个故事：

有一位住在长城边的老翁养了一群马，其中有一匹马忽然不见了。家人们都非常伤心，邻居们也都赶来安慰他，而他却无一点悲伤的情绪，反而对家人及邻居们说："你们怎么知道这不是件好事呢？"众人颇感惊愕，都认为是老人因失马而伤心过度，在说胡话，便一笑了之。

可事隔不久，当大家渐渐淡忘了这件事时，老翁家丢失的那匹马竟然又自己回来了，而且还带回来一匹漂亮的马。家人喜不自禁，邻居们惊奇之余亦很羡慕，都纷纷前来道贺。而老翁却无半点高兴之意，反而忧心忡忡地对众人说："唉，谁知道这会不会是件坏事呢？"大家听了都笑了起来，都以为是老翁乐疯了。

果然不出老翁所料，事过不久，老翁的儿子便在骑那匹漂亮的马时摔断了腿。家人们都挺难过，邻居也前来看望，唯有老翁显得不以为然，而且还似乎有点得意之色。众人很是不解，问他

何故，老翁却笑着答道："这又怎么知道不是件好事呢？"众人不知所云。

事过不久，战争爆发，所有的青壮年都被强行征集入伍。战争相当残酷，前去当兵的乡亲，十有八九都在战争中送了命，而老翁的儿子却因为腿跛而未被征用。他也因此幸免于难，能与家人相依为命，平安地生活在一起。

这个故事便是"塞翁失马，焉知非福"的出处。老翁高明之处便在于明白"祸兮福所倚，福兮祸所伏"的道理，能够做到任何事情都能想得开、看得透。

很多人之所以烦恼缠身，多半是因过于计较小事。如果你能豁达一些，少想一些，生活中的烦恼就会大大减少。

有一个人夜里做了个梦。在梦中，他看到一位头戴白帽，脚穿白鞋，腰佩黑剑的壮士，向他大声叱责，并向他的脸上吐口水，吓得他立即从梦中惊醒过来。次日，他闷闷不乐地对朋友说："我自小到大从未受过别人的侮辱，但昨夜梦里却被人辱骂并吐了口水，我心有不甘，一定要找出这个人来，否则我将一死了之。"于是，他每天一早起来，便站在人潮往来的十字路口，寻找梦中的敌人。几星期过去了，他仍然找不到这个人。结果，他竟自刎而死。

看到这个故事，你也许会嘲笑主人公的愚蠢。做梦乃是一件极其平常的小事，做噩梦也是常有的事，怎么能为此而大动干戈呢？可生活中就有许多人为小事抓狂，为一点小事而和别人闹翻脸，甚至大打出手。

别为小事抓狂，对待一些委屈和难堪的遭遇，在内心要将其转变成另一种心情，以健康积极的态度去化解这一切。如果能从中得到更大的益处，不也是另一种收获吗？这不是比到处记恨别人，处处结下冤家强吗？用一则小故事来说明这个道理非常合适。有一个人经过一棵椰子树，一只猴子从上面丢了一个椰子下来，打中他的头。这人摸了摸肿起来的头，然后把椰子捡起来，喝了椰子汁，吃了椰子肉，最后还用椰子外壳做了个碗。

我们之所以对小事缺乏足够的承受能力，说明我们没有把精力放在更为重要的事情上。因此，面对生活中的烦恼，我们首先要问自己："这是我生活目标中至关重要的事情吗？为此花费时间与精力值得吗？"

当我们集中精力追求自己的梦想时，生活中的烦恼便会大大减少，我们便不会再为小事抓狂，因为我们在自己梦想的追求中实现了自我价值，自然就不在乎身边这些丁点的麻烦事了。

宽心术13：境遇是可以改变的，接受方得坦然

现代人由于各种原因，很多人出现抑郁症状，甚至有很多名人也如此。而究其原因，是因为这些名人长期在万众瞩目下，一旦没有事情做，就会变得无所事事，就是变得空虚、烦躁。所以说，人要经常给自己设立一个目标，要追求更高远的目标，当你眼睛盯着一个小地方的时候，你就看不到更宽阔的地方和更远的未来。因此，我们要放下那些意义不大的事情，专心做有意义的事情，这样那些无意义的信息便会与你无关，你便成为一个有意义的人了。

人生一世，不可能一帆风顺，有晴天也有阴雨，有艳阳也有霹雳。但，无论境遇如何，我们都应以一颗感恩的心，欣然接受。

"为什么倒霉的总是我……"

常常会有人这么问，是啊，为什么倒霉总会落到你的身上呢？短时间看，倒霉肯定是不公平，或者就是运气不好。但是如果仔细想，你会发现，这一切都是有原因的，至少在佛家的因果说中是能够自圆其说的。

但是我们也知道，当我们遭遇人生突变时，无论是谁，多多少少都会有些抱怨。比如，某人因为工作调岗而不高兴。可是

回头想，调岗能够让你对公司的工作有更加系统的了解，对你以后的工作带来不少的帮助，说不准还能够让你发现自己的另一长处。还有人，因为喜欢的人不理自己而不高兴。可是回头想，如果是你自己在忙的话，也会不怎么理别人。

这看似有点无奈的辩解，也的确是人生的一种境遇，人生的境遇本来就是常常发生变化，无论如何你都得保有乐观的心境。

有句"诸行无常"的佛语，其意思是说，世间的一切事物时刻都处于变化之中。再怎么糟糕的工作，你去好好做，也就是一个享受的过程，再怎么好的工作如果你不好好去做的话，结果也会是一团糟。

对于不喜欢你的人，要么你自己改变，变得让人家喜欢，要么你不如承认这是客观的存在，因为你也有不喜欢的人。何必太过勉强的去强人所难呢？"己所不欲勿施于人"这句流传几千年的话至今适用。

这也就是说，对人生中所有的无常、变化，我们欣然接受就好了。即使是不利的、糟糕的，我们也应当避免让自己的情绪变坏。

日本的经营之神松下幸之助曾如是说道："顺境也好，逆境也好，最重要的是在上天赐予的境遇中坦然地活下去。"这绝对是至理名言。

只要坦然地活着，就没有境遇好坏之分。改变你的境遇的永远是你的生活态度，所以，为了有更好的境遇，我们何不如欣然接受呢？

很多人之所以烦恼、困扰，原因之一就是想得太多。不仅想得多，而且净想些没用的。本来现实如此，要么去改变，改变不了就要主动去适应，而不应该整天胡思乱想自怨自艾。

坦然接受你的人生吧，没有哪个人的人生完全相同。你要相信自己的人生也是独一无二，不可复制。而人生的大厦建得如何，全在建筑设计师——你。

宽心术14：不再犹犹豫豫，就不会错过时机

有的人做事犹豫不决、优柔寡断，总是前思后想，做不出决定。

事实上，犹豫的习惯不仅妨碍人们做事，还会抹杀人的创造力。比如写信就是一例，一收到来信就回复，是最为容易的，但如果一再拖延，那封信就不容易回复了。因此，许多大公司都规定，一切商业信函必须于当天回复，不能让这些信函搁到第二天。

其实，过分的谨慎与缺乏自信都是做事的大忌。有热忱的时候去做一件事，与在热忱消失以后去做一件事，其中的难易苦乐要相差很大。趁着热忱最高的时候做一件事情往往是一种乐趣，也是比较容易的；在热情消失后，再去做那件事，往往是一种痛苦，也不易办成。

命运常常是奇特的，好的机会往往稍纵即逝，有如昙花一现。灵感往往转瞬即逝，所以应该及时抓住，要趁热打铁，立即行动。如果当时不善加利用，错过之后就后悔莫及。当一个生动而强烈的意念突然闪耀在一个作家脑海里时，他就会生出一种不可遏制的冲动，提起笔来，要把那意念写在纸上。但如果他那时因为有些不便，无暇执笔来写，而一拖再拖，那么，到了后来那

意念就会变得模糊，最后，竟完全从他思想里消逝了。一个神奇美妙的幻想突然跃入一个艺术家的思想里，迅速得如同闪电一般，如果在那一刹那间他把幻想画在纸上，必定有意外的收获。但如果他拖延着，不愿在当时动笔，那么过了许多日子后，即使再想画，那留在他思想里的好作品或许早已消失了。

没有哪一种习惯比犹豫更为有害，更没有哪一种习惯比犹豫更能使人懈怠、减弱人们做事的能力。人人都能下决心做大事，但只有少数人能够一以贯之地去执行他的决心，也只有这少数人是最后的成功者。更糟糕的是，犹豫有时会造成悲惨的结局。

恺撒大将只因为接到报告后没有立即阅读，迟延了片刻，结果竟丧失了自己的性命。曲仑登的司令雷尔叫人送信向恺撒报告，华盛顿已经率领军队渡过特拉华河。但当信使把信送给恺撒时，他正在和朋友们玩牌，于是他就把那封信放在自己的衣袋里，等牌玩完后再去阅读。读完信后，他情知大事不妙，等他去召集军队的时候，已经太晚了。最后全军被俘，连他自己的性命也丧在敌人的手中。就是因为数分钟的迟延，恺撒竟然失去了他的荣誉、自由和生命！

人应该极力避免养成犹豫的恶习。受到拖延引诱的时候，要振作精神去做，决不要去做最容易的事，而要去做最艰难的事，并且坚持做下去。这样，自然就会克服犹豫的恶习。"立即行动"是一个成功者的格言。要医治犹豫的恶习，唯一的方法就是立即去做。

世间最可怜的人就是那些举棋不定、犹豫不决的人。有些人简直优柔寡断到无可救药的地步，他们不敢决定种种事情，不敢担负起应负的责任。之所以这样，是因为他们不知道事情的结果会怎样——究竟是好是坏，是凶是吉。他们常常担心今天对一件事情进行了决断，明天也许会有更好的事情发生，以致对今日的决断发生怀疑。许多优柔寡断的人，不敢相信他们自己能解决重要的事情。因为犹豫不决，很多人使他们自己美好的想法陷于破灭。如果有了事情，一定要去和他人商量，不取决于自己，而取决于他人。这种主意不定、意志不坚的人，既不会相信自己也不会为他人所信赖。所以，要逼迫自己训练一种遇事果断坚定的能力、遇事迅速决策的能力，对于任何事情都不要犹豫不决。

当然，对于比较复杂的事情，在决断之前需要从各方面来加以权衡和考虑。要充分调动自己的常识和知识，进行最后的判断。但一旦打定主意，就决不要再更改，不再留给自己回头考虑、准备后退的余地。一旦决策，就要断绝自己的后路。只有这样做，才能养成坚决果断的习惯，这样既可以增强人的自信，也能博得他人的信赖。有了这种习惯后，在最初的时候，也许会时常作出错误的决策，但由此获得的自信等种种卓越品质，足以弥补错误决策可能带来的损失。

如果没有果断决策的能力，那么你的一生就像深海中的一叶孤舟，永远漂流在狂风暴雨的汪洋大海里，永远达不到成功的彼岸。正是因为犹豫不决，很多人使他们自己美好的想法陷于破灭。

所以，对你的成功来说，犹豫不决、优柔寡断是一个巨大的仇敌，在它还没有伤害到你、破坏你的力量、限制你一生的机会之前，你就要即刻把这一敌人置于死地。不要再等待、再犹豫，决不要等到明天。今天就应该开始。

宽心术15：想让自己强大起来，就要少思、专注

事实证明：少思、专注才能让人更加强大。很多时候，失败，并不是因为你不会做、做不好，而是因为你没有在限定的时间里做好。其原因很大程度上是不够专注。很多时候，看起来好像你的时间是无限的，所以你总是把要做的事情推到明天、后天，然后去做那些并不重要、却可能有用的事情，从而分散了你的注意力，你还美其名曰扩大眼界、学习潮流……而结果，大多是你并不能像想象中的那样同时做好。如果你一样一样地专心去做，在同样的时间内，可能都已经完成了好几件事了。

在现代社会中，纷繁复杂的事情越来越多，人们总会不自觉地迷失其中。此时最好的对策就是静下心来一个人待一会，来个冷处理，冷静地权衡利弊。只有独处的时候，大脑才是最清醒的，才能最做出更加正确的选择。

日本的美能达照相机公司专门为员工们设有一间"静坐沉思室"，里面就摆放着一张桌子一把椅子。此室不受外界电话、信件、人和事等诸多因素的干扰，既可以让员工思考过错，也可以让员工充分发挥想象力，产生灵感，以助于公司的管理与生产。即使有员工在里面睡上一小觉，公司也不会阻碍。因为在他们看来，这样可以让员工恢复体力和精力，以利于更好地工作，同样

对公司有利。

"降魔者先降其心，心伏则群魔退听；驭横者先驭其气，气平则外横不侵。"一切烦恼与不快皆来自于心，只有心静才能降伏一切魔道。宁静可以致远，独处时的宁静，能让人放松身心，提高分析问题的能力。

庄子曾经说过："其嗜欲深者，其天机浅。"大意是说如果一味沉溺于感官享受，人的智慧则会很浅薄。的确，自古智者都是能够适应独处之人。只有独处才能让人大彻大悟，才能具有大智大慧，更好地领悟人生的真谛。独处时可以让人充分感受宁静祥和，忘却争斗与烦恼，如同走出喧闹的都市进入万籁俱寂的旷野一般，让人心旷神怡。此时独坐一室，于清茶中品味人生，则生命的目的因此明晰；在书中品味生活，则生活更加多彩多姿。

清代著名的政治家、文学家曾国藩曾向一个修为极高的出家人请教养生之道。出家人磨墨运笔，龙飞凤舞地写了一张处方递给他。

曾国藩接过处方又问道："现在正是七月流火之时，天气炎热，弟子往日总感到五内沸腾，如坐蒸笼。为何今日在大师这里似有凉风吹面一样，一点也不觉得热呢？"

出家人朗声说道："乃静耳。老子云：'清静物之正。'水静则明烛须眉，平中准，大匠取法焉。水落石出静犹明，而况精神？圣人之心静乎，天地之鉴也，万物之镜也。夫虚静恬淡、寂寞无为者，天地之平而道德之至也。世间凡夫俗子，为名、为利，为妻室，为子孙，心如何能静？外感热浪，内遭心烦，故燥热难耐。大人或许还要忧国忧民，畏谗惧讥，或许心有不解之结，肩有未卸之任，也不静下来，故有如坐蒸笼之感。切脉时，我以己心静感染了你，所以你就不再觉得热了。"

俗话说："心静自然凉。"如能心如止水，心中无任何烦恼，无任何牵挂，自然会"凉风拂面"，如果有太多的惦念，心不得闲，肯定会"如坐蒸笼"。

在这样一个充满焦虑的时代里，灵魂和内心更需要独处时的宁静。这片宁静可能在高山上，也可能在大海边，更可能藏在一所乡村小屋中。只要敢于独处，用心去体味，就能体会到它的妙用。

独处之时，你可以把脑海中的各种想法全释放出来，冥想白天令人愤怒时的情景，在冥想的宁静之中经过加工的愤怒与烦恼，再次返回大脑的记忆时，已不带有任何感情色彩，不会对我们形成伤害，也不会带来压力。

如此，当你面对世间纷扰时，便能在宁静中超越自我、强大自我。

宽心术16：赶走不良想法，好运自会降临

　　这世上有两种人，一种是悲观厌世者，一种是乐观进取者。显然，这两种人的人生轨迹会完全相反。悲观的人整天生活在心灵的阴影和黑暗里，消极厌世，不思进取，怨天尤人；乐观的人内心总是充满阳光，积极向上，努力奋进，心存感恩。

　　每个人的脑子里都会充斥很多想法，好的想法会催人上进，坏的想法会令人消极怠工。有一个著名的成语——杞人忧天，讲的就是一个人整天担心天会掉下来，砸到自己，于是茶不思饭不想，忧思成疾。讲的就是不切实际或不必要的想法会摧垮一个人。

　　悲观的人总是将事情往坏处想。事实上，很多事情并非你想象的那样糟。凡事往好的方面想，是一种积极的心态。这种积极的心态会促进人生朝着更光明的大路前行。

　　当我们无能为力时，也不要放弃，要培养自我的心灵自由，将自我引向积极和美好的一面。凡事都有好的一面，也有坏的一面；有乐观的一面，也有悲观的一面。就好比一个碗缺了个角，乍看之下，好似不能再用，若肯转个角度来看，你将发现，那个碗的其他地方都是好的，还是可以用的。若凡事皆能往好的、乐观的方向看，必将会希望无穷；反之，一味地往坏的、悲观的方

向看，定觉兴致索然。

她从小就"与众不同"，因为小儿麻痹症。随着年龄的增长，她的忧郁和自卑感越来越重，甚至，她拒绝着所有人的靠近。但也有个例外，邻居家那个只有一只胳膊的老人却成为她的好伙伴。老人是在一场战争中失去一只胳膊的，老人非常乐观，她非常喜欢听老人讲的故事。

这天，她被老人用轮椅推着去附近的一所幼儿园，操场上孩子们动听的歌声吸引了他们。

当一首歌唱完，老人说着："我们为他们鼓掌吧！"她吃惊地看着老人，问道："我的胳膊动不了，你只有一只胳膊，怎么鼓掌啊！"老人对她笑了笑，解开衬衣扣子，露出胸膛，用手掌拍起了胸膛……那是一个初春，风中还有着几分寒意，但她却突然感觉自己的身体里涌动起一股暖流。老人对她笑了笑，说着："只要努力，一只巴掌一样可以拍响。你一样能站起来的！"

那天晚上，她让父亲写了一个纸条，贴到了墙上，上面是这样的一行字：一只巴掌也能拍响。从那之后，她开始配合医生做运动。甚至在父母不在时，她自己扔开支架，试着走路。蜕变的痛苦是牵扯到筋骨的。她坚持着，她相信自己能够像其他孩子一样行走，奔跑……

11岁时，她终于扔掉支架。她又向另一个更高的目标努力着：她开始锻炼打篮球和田径运动。1960年罗马奥运会女子100米跑决赛，当她第一个撞线后，掌声雷动，人们都站起来为她喝彩，齐声欢呼着这个美国黑人的名字——威尔玛·鲁道夫。那一届奥运会上，威尔玛·鲁道夫成为当时世界上跑得最快的女人，她共摘取了3枚金牌，也是第一个黑人奥运女子百米冠军。

当我们陷入困境时，只要保持乐观的想法，我们终究会获得解决困境的方法。如果我们只盯着不好的局面，整天思虑重重，就会被困惑笼罩，问题不但不会得到解决，反而会更加恶化。

宽心术17：把细枝末节扔一边，从大局着想

要做大事，须统观全局，不可纠缠在小事之中，摆脱不出。许多很有潜力的人正是被一些次要、渺小的东西阻挡了前进的道路，有些人甚至因为斤斤计较而毁了自己的一生。

处理事情的时候，一味地强调细枝末节，以偏概全，做工作时就会抓不住要害问题，没有重点，头绪杂乱，不知道从哪里下手。为什么总把眼光盯在细枝末节上边呢？不去纠缠小节、小问题，选择最重要的事情去做，才是做事的方法。

《淮南子》中的"九方皋相马"的故事就是一个很好的例子。

秦穆公对伯乐说："您的年纪大了，您的家里有能去寻找千里马的人吗？"伯乐回答说："好马可以从外貌、筋骨上看出来。但千里马很难捉摸，其特点若隐若现，若有若无，我的儿子们都是才能低下的人，我可以告诉他们什么是好马，但没有办法告诉他们什么是天下的千里马。我有一个朋友，名字叫九方皋。他相马的本领不比我差，请您召见他吧！"

于是，秦穆公召见了九方皋，派遣他去寻找千里马。三个月之后，九方皋回来了，向秦穆公报告说："千里马已经找到了，在沙丘那个地方。"秦穆公问他："是一匹什么样的马呢？"

九方皋回答说："是一匹黄色的母马。"秦穆公派人去看，结果是一匹公马，而且是黑色的。秦穆公非常不高兴，于是将伯乐召来，对他说："真是糟糕，您推荐的那个寻找千里马的人，连马的颜色和雌雄都分辨不出来，又怎么能知道是不是千里马呢？"伯乐长叹一声说道："他相马的本领竟然高到了这种程度！这正是他超过我的原因啊！他抓住了千里马的主要特征，而忽略了它的表面现象；注意到了它的本领，而忘记了它的外表。他看到他应该看到的，而没有看到不必要看到的；他观察到了他所要观察的，而放弃了他所不必观察的。像九方皋这样相马的人，才真达到了最高的境界！"那匹马，果然是天下难得的千里马。

很多男人常常会埋怨陪伴女人买东西，既费时间又很劳累。她们不是对布料不满意就是对式样百般挑剔，或者觉得虽然式样勉强过得去，可惜质地实在不行，因为各种因素而犹豫不决，结果常常空手而归。

其实，这些毛病并非只有女人才有，一般人在工作或读书的时候，也会因拘于小节而失去大局。

一个人对于某事犹豫不决时，就会发生如上的迷惑或彷徨。这时候，如能针对自己的目的，抓住核心问题来研究，就可以发现一条排除迷惑的大道。比如，你要选购西装，不妨先明确地限定是何种花纹、式样、布料，如果决定以花纹为主，那么式样和质料就可以作为次要考虑的条件。如果抓住重点考虑问题，自然能果断地选购，而且以后也不会遭到别人的埋怨，自己也不会后悔。

我们看问题应该把着眼点放在较大的目标上。如果用部队里的术语来说，我们宁愿失去一场战斗而赢得一场战争，也不愿因赢得一场战斗而失去整个战争。

无论是用人还是做事，都应从大局出发，不要因为一点小事而妨碍了事业的发展。我们要用的是一个人的才能，不是他的过失。

宽心术18：空想是没用的，脚踏实地最有效

人的一生不管做什么事儿，都得实实在在。万丈高楼平地起，夯实地基为第一；参天大树搏风雨，扎实根基为第一；谷子低头笑茅草，丰盈子实为第一；有志之士建功业，充实自己为第一。

然而，在生活中常常有这种情况：有些人胸怀大志，但又有点好高骛远，总爱想入非非，不愿老老实实学习，踏踏实实行动。这样长此以往，便会成为一个空想家，最后啥事儿也干不了。你如果好高骛远，那就在成功的操作方法上犯了大错误。不经过程而直取终点，不从卑俗而直达高雅，舍弃细小而直达广大，跳过近前而直达远方，不经点点滴滴的奋斗积累，只能是黄粱梦一场。而脚踏实地的人，则会心想事成。

有个玉匠收了两个徒弟。在这两个徒弟跟着师傅学艺五年以后，师傅想考察一下他们，于是在一天晚上把他们叫到跟前交代说："在那崇山峻岭深处有一块美玉，它没有任何缺陷、毫无瑕疵，是一块无价之宝。你们都跟我学了五年了，应该出去成就一番事业。你们去找那块没有瑕疵的玉石，找不到就不要回来见我。"

这两个徒弟第二天就离开师傅，进了深山。

大徒弟是一个注重实际不好高骛远的人。在路途中，有时发现的是一块有所缺陷的玉石或石头，或者是一块成色很一般的玉，他都统统装进他的包里。

三年之后，到了他和师弟约定的回家的日期。此时他的行囊已经装得满满的了，里面有各种各样的玉石和一些充其量只是"奇石"的东西。

小徒弟也来了，可是他两手空空什么也没有拿，他说他没有找到绝世珍品。

小徒弟还说，我不回去，师傅说过，找不到绝世珍品就不能回家，我要继续去更远更险的山中探寻，我一定要找到绝世美玉。

大徒弟带着他的那些东西回到了家，师傅满意地点了点头。大徒弟又把小徒弟的话传达了一遍。

师傅听后，叹了一口气，说道："你师弟不会回来了，他是一个不合格的探险家。他如果幸运，能中途醒悟，明白至美是不存在的道理，是他的福气。如果他不能早悟，便只能以付出一生为代价了。"

后来大徒弟开了一家玉石馆和一家奇石馆。他把玉石加工，结果每一块玉石都成了无价之宝。他的奇石馆也很赚钱，那些奇石也成了一笔巨大的财富。短短的几年过后，大徒弟的玉石馆已经享誉八方。

又过了很多年，师傅生命垂危。大徒弟对师傅说要派人去寻找师弟。师傅说，不要去找，如果经过了这么长的时间和这么多的失败都不能醒悟，这样执迷不悟的人即使回来又能做成什么事呢？世界上没有纯美的玉，没有完善的人，没有绝对的事物，好高骛远，为追求不切实际的东西而耗费生命的人，何其愚蠢啊！

好高骛远、脱离实际的人，注定只能生活在虚幻之中，这种人没有坚实的基础，获得的只能是空中楼阁。所以，无论想什么，关键在于做，脚踏实地地去做。

第三章
不生气一切都会好
——别让不良的情绪左右你

但凡成功的人士大都是善于控制自己情绪的人。他们也有过愤怒、沮丧、低落、紧张……的时候，难能可贵的是他们知道如何去克制。经常愤怒、沮丧、低落等这些负面影响，对成功没有一点好处，也鲜有成功人士或者能够一直立于不败之地的人。当然，克服自己的负面情绪并不是憋着忍着，那只是表面现象，真正要克服掉负面情绪，就需要掌控你的情绪。

宽心术19：坚守宁静的心，有效控制情绪污染

　　作为家庭主人的你，每天都在尽最大努力去避免家庭所面临的各种污染，如空气污染、噪声污染、光源污染等。这时不知你是否忽视了另一种新的污染——你的坏情绪，它就是一种情绪污染。

　　情绪是客观事物作用于人的感官而引起的一种心理体验。无论喜、怒、思、悲、惊，都有其原因和对象。幽静的环境、清新的空气、高尚的品德、物质的丰富、文化的繁荣，都能引起人们愉快、轻松的良好情绪；而环境脏乱、虚伪庸俗、文化枯萎等，则可能导致人们厌烦、压抑、忧伤、愤怒的消极情绪。情绪具有两重性：一是两极性，如快乐和悲哀、热爱和憎恨、轻松和紧张、激动和平静等；二是暗示感染性的大小，往往由人们地位和作用的不同而不同。

　　现代心理学告诉人们，人的情绪有两个关键时间，一是早晨就餐前，二是晚上就寝前。在这两个关键时间里，每一个家庭成员都要尽量保持良好的心境，稳定自身情绪，尽量不要破坏家庭的祥和气氛，避免引起情绪污染。假如在一天的开始，家庭某一个成员情绪很好或者情绪很坏，其他成员就会受到感染，产生相应的情绪反应，于是就形成了愉快、轻松或者沉闷、压抑的家庭

氛围。

任何人都会有情绪低落的时候，每当这时，一是要有点忍耐和克制精神，二是要学会情绪转移。把不良情绪带回家，将心中怨气发泄在家人身上，为一些小事耿耿于怀……诸如此类，都会影响他人情绪，造成家庭情绪污染。

其实，我们的心灵也同样需要一片宁静的天空，那么就让我们的情绪在宁静的天空下，得到平复与安宁。

人人向往宁静，然而，生活的海洋里因为有名誉、金钱、房子等在兴风作浪而难以宁静。许多人整日被自己的欲望所驱使，好像胸中燃烧着熊熊烈火一样。一旦受到挫折，得不到满足，便好似掉入寒冷的冰窖中一般。生命如此大喜大悲，哪里有平静可言？人们因为毫无节制的狂热而骚动不安，因为不加控制欲望而浮沉波动。只有明智之人，才能够控制和引导自己的思想与行为，才能够控制心灵所经历的风风雨雨。

是的，环境影响心态。快节奏的生活、无节制的对环境的污染和破坏，以及令人难以承受的噪声等都让人难以平静。环境的搅拌机随时都在把人们心中的平静撕个粉碎，让人遭受浮躁、烦恼之苦。然而，生命本身是宁静的，只有内心不为外物所惑，不为环境所扰，才能达到像陶渊明那样身在闹市而无车马之喧，"心远地自偏"的境界。

宁静是一种心态，是生命盛开的鲜花，是灵魂成熟的果实。宁静在心，在于修身养性。只要有一颗宁静之心，追求宁静者，便能心胸开阔，不为诱惑所动，坦荡自然。

宁静和智慧一样宝贵，其价值胜于黄金。真正的宁静是心理的平衡，是心灵的安静，是稳定的情绪。

心灵的宁静来自于长期、耐心的自我控制，意味着一种成熟的经历以及对于事物规律的不同寻常的了解。对未来进行抗争的人，才有面对宁静的勇气；在昔日拥有辉煌的人，才有不甘宁静的感受；为了收获而不惜辛勤耕耘流血流汗的人，才有资格和能力去享受宁静。

只有心灵真的宁静了，任何不良情绪都不会干扰到你。

宽心术20：不让小事牵着鼻子走，心情自然好

　　许多人都懂得要做情绪的主人这个道理，但遇到具体问题就总是知难而退："控制情绪实在是太难了。"言下之意就是："我是无法控制情绪的。"

　　别小看这些自我否定的话，这是一种严重的不良暗示。它真的可以毁灭你的意志，丧失战胜自我的决心。还有的人习惯于抱怨生活："没有人比我更倒霉了，生活对我太不公平。"抱怨声中他得到了片刻的安慰和解脱："这个问题怪生活而不怪我。"结果却因小失大，让自己无形中忽略了主宰生活的职责。所以，你要改变一下对身处逆境的态度，用开放性的语气对自己坚定地说："我一定能走出情绪的低谷，现在就让我来试一试！"这样你的自主性就会被启动，沿着它走下去就是一番崭新的天地，你会成为自己情绪的主人。

　　遇事需冷静，考虑一下后果，本着息事宁人的态度去化解矛盾，我们就不至于为一些鸡毛蒜皮的小事而纠缠不清，更不会使矛盾扩大、升级。即使在双方僵持不下，未能达成和解的情况下，也可以寻求司法、主管部门的帮助，运用法规、政策妥善处理遗留问题。没有爬不过去的山，没有过不去的河，忍一时的委屈，保全了大家的和谐、宁静，并不损失什么，反而会赢得一个

更宽阔的心灵空间。

常常会遇到下面的情况：堵车堵得厉害，交通指挥灯仍然亮着红灯，而时间很紧，你烦躁地看着手表的秒针。终于亮起了绿灯，可是您前面的车子迟迟不起动，因为开车的人思想不集中。您愤怒地按响了喇叭。那个似乎在打瞌睡的人终于惊醒了，仓促地挂上了一挡。而你却在几秒钟里把自己置于紧张而不愉快的情绪之中。

美国研究应激反应的专家理查德·卡尔森说："我们的恼怒有80%是自己造成的。"这位加利福尼亚人在讨论会上教人们如何不生气。卡尔森把防止激动的方法归结为这样的话："请冷静下来！要承认生活是不公正的。任何人都不是完美的，任何事情都不会按计划进行。"

埃森医学心理学研究所所长曼弗雷德·舍德洛夫斯基研究得到了这样的结论：使人受到压力是长时间的应激反应。他的研究所的调查结果表明：61%的德国人感到在工作中不能胜任；有30%的人因为觉得不能处理好工作和家庭的关系而有压力；20%的人抱怨同上级关系紧张；16%的人说在路途中精神紧张。

理查德·卡尔森的一条黄金规则是："不要让小事情牵着鼻子走。"他说："要冷静，要理解别人。"

在日常生活中，我们难免遇到一些挫折、困难等不愉快的事，而一味地生气、焦虑、埋怨，不但不会使事情好转，反而会严重地伤害我们的身心健康。因此，不要让情绪影响我们做事的进程，及时疏导不良情绪，调整好积极情绪，才会更有利于事情的进展。

情绪给我们带来许多感受：它能使我们精神焕发，也能使我们萎靡不振；能让我们时而冷静，时而冲动，时而理智地去思考，时而失去控制，暴跳如雷。情绪存在于每个人心中，而且在不同时期、不同场合产生着奇妙的效果。比如，当我们获得荣誉和完成一件任务的时候，内心里充满了得意、骄傲和轻松愉快；受到挫折或经历打击、遭遇委屈时，则悲观、失望、沮丧。面临危险，我们会害怕和恐惧；面对不友好的挑衅和威胁，我们会愤怒。工作不顺心的时候我们会不满；当期望变成失望的时候会觉得有失落感；前途渺茫时会忧郁，而紧迫的工作和众多的压力会让我们焦虑不安……这些情绪的变化和活动是人人都具有的。这些情绪的变化决定了我们做事的成败、效率的高低和结果的好坏。所以说，做事之前先做情绪的调节师，这对于我们养成良好的做事态度和习惯十分关键。

研究表明，强烈的情绪反应会骤然阻断人们的正常思维，持久而炽热的情绪则能激发人们无限的潜能去完成某些工作。

每个人都应做自己情绪的主人，培养愉快的心情，调节好自己的情绪，提高适应环境的能力，保持乐观向上的精神状态。控制好自己的情绪十分重要，心情好了，你才会愉快地做任何事情，成功的几率才会更大。

情绪是可以调适的，只要操纵好情绪的转换器，随时提醒自己、鼓励自己，就能常常有好情绪。你可以试着用理智来驾驭情绪，使自己的情绪逐渐成熟起来。抛却那些影响心情的无关紧要的小事，你的心就晴朗了。

宽心术21：把心灵的垃圾清掉，自会柳暗花明

英国诗人威廉·费德说过："舒畅的心情是自己给予的，不要天真地去奢望别人的赏赐。舒畅的心情是自己创造的，不要可怜地乞求别人的施舍。"

神秀曾作一偈："身是菩提树，心如明镜台。时时勤拂拭，勿使惹尘埃。"心如明镜，纤毫毕现，洞若观火，那身无疑就是"菩提"了。但前提是"时时勤拂拭"，否则，尘埃厚厚，似茧封裹，心定不会澄碧，眼定不会明亮了。

一个人，在尘世间走得太久了，心灵无可避免地会沾染上尘埃，使原来洁净的心灵受到污染和蒙蔽。心理学家曾说过："人是最会制造垃圾污染自己的动物之一。"

的确，清洁工每天早上都要清理人们制造的成堆的垃圾，这些有形的垃圾容易清理，而人们内心中诸如烦恼、欲望、忧愁、痛苦等无形的垃圾却不那么容易处理了。因为，这些真正的垃圾常被人们忽视，或者出于种种的担心与阻碍不愿去扫。譬如，太忙、太累；或者担心扫完之后，必须面对一个未知的开始，而我们又不确定哪些是我们想要的。万一现在丢掉的，将来想要时却又捡不回来，怎么办？

的确，清扫心灵不像日常生活中扫地那样简单，它充满着心

灵的挣扎与奋斗。不过，我们可以告诉自己：每天扫一点，每一次的清扫，并不表示这就是最后一次。而且，没有人规定我们必须一次扫完。但我们至少要经常清扫，及时丢弃或扫掉拖累心灵的东西。

每个人都有清扫心灵的任务，对于这一点，古代的圣者先贤看得很清楚。圣者认为："无欲之谓圣，寡欲之谓贤，多欲之谓凡，得欲之谓狂。"圣人之所以为圣人，就在于他心灵纯净得一尘不染，凡人之所以是凡人，就在于他心中的杂念太多，而他自己还蒙昧不知。所以，圣人了悟生死，看透名利，继而清除心中的杂质，让自己纯净的心灵长久显现。

我们都有清理打扫房间的体会吧。每当整理完自己最爱的书籍、资料、照片、唱片、影碟、画册、衣物后，我们会发现：房间原来这么大，这么清亮明朗！自己的家更可爱了！

其实，心灵的房间也是如此，如果不把污染心灵的废物一块一块清除，势必会造成心灵垃圾成堆。而原来纯净无污染的内心世界，亦将变成满池污水，让我们变得更贪婪、更腐朽、更不可救药。

人的一生，就像一趟旅行，沿途中有数不尽的坎坷泥泞，但也有看不完的春花秋月。如果我们的一颗心总是被灰暗的风尘所覆盖，干涸了心泉、黯淡了目光、失去了生机、丧失了斗志，我们的人生轨迹岂能美好？而如果我们能"时时勤拂拭"，勤于清扫自己的"心地"，勤于掸净自己的灵魂，我们也一定会有"山重水复疑无路，柳暗花明又一村"的那一天。

宽心术22：做了就做了，不要后悔加纠结

令人后悔的事情在生活中经常出现。许多事情做了后悔，不做也后悔；许多人遇到要后悔，错过了更后悔；许多话说出来后悔，说不出来也后悔……人的遗憾与后悔情绪仿佛是与生俱来的，正像苦难伴随生命的始终一样，遗憾与悔恨也与生命同在。

人生一世，花开一季，谁都想让此生了无遗憾，谁都想让自己所做的每一件事都永远正确，从而达到自己预期的目的。可这只能是一种美好的幻想。人不可能不做错事，不可能不走弯路。做了错事，走了弯路之后，有后悔情绪是很正常的，这是一种自我反省。正因为有了这种"积极的后悔"，我们才会在以后的人生之路上走得更好、更稳。

但是，如果你纠缠住后悔不放，或羞愧万分，一蹶不振；或自惭形秽，自暴自弃，那么你的这种做法就真正是蠢人之举了。

古希腊诗人荷马曾说过："过去的事已经过去，过去的事无法挽回。"的确，昨日的阳光再美，也移不到今日的画册。我们又为什么不好好把握现在，珍惜此时此刻的拥有呢？为什么要把大好的时光浪费在对过去的悔恨之中呢？

覆水难收，往事难追，后悔无益。

据说一位很有名气的心理学老师，一天给学生上课时拿出

一只十分精美的咖啡杯。当学生们正在赞美这只杯子的独特造型时，教师故意装出失手的样子，咖啡杯掉在水泥地上成了碎片，这时学生中不断发出了惋惜声。可是不断的惋惜也无法使咖啡杯再恢复原形。老师说："今后在你们生活中如果发生了无可挽回的事时，请记住这只破碎的咖啡杯。"

破碎的咖啡杯恰恰使我们懂得了：过去的已经过去，不要为打翻的牛奶而哭泣！生活不可能重复过去的岁月，光阴如箭，来不及后悔。从过去的错误中吸取教训，在以后的生活中不要重蹈覆辙，要知道"往者不可谏，来者犹可追"。

错过了就别后悔。后悔不能改变现实，只会减少未来的美好，给未来的生活增添阴影。让我们牢记卡耐基的话吧："要是我们得不到我们希望的东西，最好不要让忧虑和悔恨来苦恼我们的生活。且让我们原谅自己，学得豁达一点。"

尽管忘记过去是一件十分痛苦的事情，但事实上，过去的毕竟已经过去，过去的不会再发生，你不能让时间倒转。无论何时，只要你因为过去发生的事情而损害了目前存在的意义，你就是在无意义地损害你自己。超越过去的第一步是不要留恋过去，不要让过去损害现在，包括改变对现在所持的态度。

如果你决定把现在全部用于回忆过去、懊悔过去的机会或留恋往日的美好时光，不顾时不再来的事实，希望重温旧梦，你就会不断地扼杀现在。因此，我们强调要学会适当地放弃过去。

当然，放弃过去并不意味着放弃你的记忆，或要你忘掉你曾学过的有益事情，这些事情会使你更幸福、更有效地生活在当下。

宽心术23：凡事往好的一面想，运气不会差

我们常常都有这样的感觉：在心烦气躁的心理状态下，做事也经常错误百出，越是心急越是想不出办法来，结果事情就会变得糟糕，而心情也会由此一落千丈地坏下去；相反，如果保持做事的热情，拥有良好的积极心态看待问题和困难，似乎一切的难题都不是问题了，做起事来也得心应手，顺风顺水。可见，问题处理结果的好坏，做事的成败，除了与我们自身的能力和智力水平有关，与心态也有着极为密切的关系。

心态决定一切。美国成功学学者拿破仑·希尔关于心态的意义说过这样一段话："人与人之间只有很小的差异，但是这种很小的差异却造成了巨大的差异！很小的差异就是所具备的心态是积极的还是消极的，巨大的差异就是成功和失败。"

所以我们要有一个积极的心态，凡事往好处想。

人人都会有许多难题。那些具有积极心态的人能从逆境中求得极大的发展，用积极心态去激励自己。凡是能构想和相信的东西，就能用积极的心态去得到它。可以说，积极的心态是一切成功的起点。

做事时如果保持积极的心态，我们就会获得许多力量把事做好。因为积极的心态能产生自我暗示，能让我们产生立刻行动的

激情，并且这种心态能够积极地影响身边的人。

杰瑞是美国一家餐厅的经理，他总是有好心情，当别人问他最近过得如何，他总是有好消息可以说。

当他换工作的时候，许多服务生都跟着他从这家餐厅换到另一家，为什么呢？因为杰瑞是个天生的激励者，如果有某位员工今天运气不好，杰瑞总是适时地告诉那位员工往好的方面想。

这样的情境让人很好奇，所以有一天有人问杰瑞："很少有人能够老是那样积极乐观，你是怎么办到的？"

杰瑞回答："每天早上我起来后告诉自己，我今天有两种选择，我可以选择好心情，也可以选择坏心情，我总是选择有好心情。即使有不好的事发生，我可以选择做个受害者，或是选择从中学习，我总是选择从中学习。每当有人跑来跟我抱怨，我可以选择接受抱怨或者指出生命的光明面，我总是选择生命的光明面。"

"但并不是每件事都那么容易啊！"那人抗议道。

"的确如此，"杰瑞说，"生命就是一连串的选择，每个状况都是一个选择，你选择如何响应，你选择人们如何影响你的心情，你选择处于好心情或是坏心情，你选择如何过你的生活。"

即使当我们无能为力时也不要放弃，要培养自我的心灵自由，将自我引向积极和美好的一面。凡事都有好的一面，也有坏的一面；有乐观的一面，也有悲观的一面。就好比一个碗缺了个角，乍看之下，好似不能再用，若肯转个角度来看，你将发现，那个碗的其他地方都是好的，还是可以用的；反之，若凡事皆能往好的、乐观的方向看，必将会希望无穷。

宽心术24：学会调控情绪，好心态不请自来

在工作中，我们既有精力旺盛、热情高涨的时候，也有毫无干劲、情绪低落的时候。我们既有因取得成果而喜形于色的时候，也有因被上司责骂而心酸委屈的时候，也有因无法忍受某些事情而怒上心头的时候。

那时那刻的"内心波动"，自然会影响我们的言行举止。内心有些波动并非坏事，但如果波动过大，就容易惹来麻烦。

那么如何控制情绪，不让糟糕的想法影响自己呢？

学会转移。当火气上涌时，有意识地转移话题或做点别的事情来分散注意力，便可使情绪得到缓解。在余怒未消时，可以用看电影、听音乐、下棋、散步等有意义的轻松活动，使紧张情绪松弛下来。

学会宣泄。人在生活中难免会产生各种不良情绪，如果不采取适当的方法加以宣泄和调节，对身心都将产生消极影响。因此，如果你有不愉快的事情及委屈，不要压在心里，而要向知心朋友和亲人说出来或大哭一场。这种发泄可以释放积于内心的郁积，对于人的身心发展是有利的。当然，发泄的对象、地点、场合和方法要适当，避免伤害他人。

学会自慰。当你追求某项事情而得不到时，为了减少内心

的失望，可以为失败找一个冠冕堂皇的理由，用以安慰自己，就像狐狸吃不到葡萄就说葡萄酸的童话一样，因此，称作"酸葡萄心理"。

学会意识调节。运用对人生、理想、事业等目标的追求和道德法律等方面的知识，提醒自己为了实现大目标和总任务，不要被烦琐之事所干扰。

学会用语言节制自己。在情绪激动时，自己默诵或轻声警告"冷静些""不能发火""注意自己的身份和影响"等词句，抑制自己的情绪；也可以针对自己的弱点，预先写上"制怒""镇定"等条幅置于案头上或挂在墙上。

学会自我暗示法。估计到某些场合下可能会产生某种紧张情绪，就先为自己寻找几条不应产生这种情绪的有力理由。

学会愉快记忆法。回忆过去经历中碰到的高兴事，或获得成功时的愉快体验，特别就该回忆那些与眼前不愉快体验相关的过去的愉快体验。

适当运用转换环境。处在剧烈情绪状态时，暂离开激起情绪的环境和有关的人、物。

学会幽默化解。培养幽默感，用寓意深长的语言、表情或动作，用讽刺的手法机智、巧妙地表达自己的情绪。

推理比较法。把困难的各个方面进行解剖，把自己的经验和别人的经验相比较，在比较中寻觅成功的秘密，坚定成功的信心，排除畏难情绪。

压抑升华法。不受重用、身处逆境、被人瞧不起、感到苦闷时，可把精力投入某一项你感兴趣的事业中，通过成功来改变自己的处境和改善自己的心境。

认识社会，保持达观态度。古人云："人有悲欢离合，月有阴晴圆缺。"确实，人生不如意的事常有之，历史上和现实中没有几件事是圆满的。为几件家中或单位上不顺的事就悲观，情绪低落，甚至厌世，显然是不合适的。实际生活中哪会有十全十美的事呢？

生活中，人人都会遇到许多坎坷和不顺心，平凡人有，名人有，高官显贵同样亦有。因此，只要对社会有一个较深刻的了解和认识，想想社会上还有许多人不如自己，你就会坦然了。因此要始终保持达观态度。世上不会有永远美好的事物，今天你身处逆境，情绪不佳，但通过奋斗，你就可能获得成功，受人尊敬。社会是在发展变化着的，人应该适应社会，保持达观态度，对生活、对人生充满信心。

如果条件允许，在情绪低落时，可以去访问孤儿院、养老院、医院、看看世界上除了自己的痛苦之外，还有多少不幸。

当然，也要不断提高自己的认识和修养水平。平常，我们能看到文化素质低的人，不善于控制自己，出口成"脏"。而一个修养高的人，他是无论如何也不会去骂大街的。同时，他也善于控制自己的情绪，并自我调节。因此，提高自己的认识和修养水平，对保持愉快情绪，自我调节好情绪是很有帮助的。

这些方法不仅限于情绪不佳时，也可以是你在顺境得意时，预防自己骄傲的时候用到。"胜不骄、败不馁"，无论什么时候，我们都应适当控制自己的情绪。一个能够控制自己情绪的人，无论怎样都能够称为一个成功的人。

宽心术25：走出猜疑的误区，事情就有转机

我国古代就有"疑人偷斧"的寓言。这则寓言讽刺了那种疑心重重、戴着有色眼镜看人，甚至毫无根据地猜疑他人的人。

在生活中，我们常会碰到一些猜疑心很重的人。他们总觉得别人在背后说自己的坏话，或给自己使坏。有时我们自己也喜欢猜疑，看到别人说笑，便以为他们在议论自己，心里就不痛快起来。喜欢猜疑的人特别注意留心外界和别人对自己的态度，别人脱口而出的一句话，他很可能琢磨半天，试图发现其中的"潜台词"。

玲有这样一位女友，疑心特别大，她的心总处在极度的不安全感中。谁帮她介绍对象，她就怀疑谁跟那个人一定关系不一般。不仅反复用话试探女友，也询问男友，还会进行秘密侦察。比如，男友没有赴她的约，她会马上给介绍人打匿名电话，以刺探他们是否在一起。有一次玲接到她的匿名电话，可当时玲并不知道事情的原委，害得那位男性朋友一再问玲：这个女孩人品好吗？玲跟他打保票：是我好朋友的好朋友，绝对没问题。但后来他们还是分手了，一年后，女孩另嫁他人，而她们也因为其他事而疏远了。直到这时，那位男性朋友才告诉玲他们分手的原因：女孩太多疑，这样的人是不适合过日子的。他说，玲和玲的朋友

一直在他面前说她的好话，而她却在他那里说她们的坏话，怀疑玲跟他的关系，这是人品不忠厚的标志，他不能找这样的人。

后来，玲还陆续听到传闻，说那女孩婚后过得似乎也不怎么好，总是怀疑老公跟办公室的女同事关系不一般，还经常玩一些跟踪的把戏，两人为此经常吵得地动山摇。玲觉得这个朋友实在太可悲。她的可悲之处就在于聪明与愚蠢就像一元钱的硬币一样正反两面相依而生，有多少个闪念就有多少个疑点。因此，她有多聪明也就有多愚蠢。

猜疑也是婚姻的大忌，再怎么美好的家庭也会被"猜疑"扰乱夫妻关系。因为猜疑是投向夫妻、家庭间的阴影，它使人郁闷、压抑、烦恼，不能自拔。有了猜疑，夫妻间就犹如筑起了一道屏障，爱情、幸福被拒于屏障之外。

此外，多疑的心态也会严重地影响人际关系。不仅自己很苦恼，周围的人也难以理解和接受。

在一些单位里，总有一些人喜欢传播小道消息或流言蜚语。当流言蜚语被夸大、扭曲时，就会造成人际关系的紧张。多疑的人会对别人的某些行为和动作做盲目联想。别人在一起轻轻地议论某件事，正巧自己走过，他们停止了议论或突然发笑。尽管这些人议论的事与自己毫无关系，但也马上会敏感地联想到他们在背后议论自己。于是，心中的不平衡马上膨胀，情绪立即激昂起来。

多疑的人给人的印象就是神经过敏。他们往往过分的敏感，把发生在周围的一些不愉快事件强行与自己联系，听风就是雨。听说同龄妇女得癌死亡，马上会联想到自己可能也会有同样的下场；在家里，孩子放学后晚归，会联想起路上是否发生车祸；有女同志往家里打电话或爱人晚归，联想是否有第三者。

对一些涉及自身利益的事无端地怀疑。比如，晋级、加薪、分房没有满足本人的愿望时，会盲目怀疑。怀疑领导班子、人事部门有人在背后作怪，甚至扳着手指将这些领导干部逐个"排队"；怀疑同一部门的人员在背后打小报告，"搅掉了我的好事"，一旦认定，愤恨之情就会急剧上升。

不管怎样，猜疑都是人际关系的大敌。它会破坏朋友间的友谊，疏远同学或同事间的关系，无端地挑起同学、同事和朋友间的矛盾纠纷，也会影响自己的情绪。生活在猜疑中的人总是郁郁寡欢，缺少内心的宁静。

英国思想家培根曾说过："猜疑之心如蝙蝠，它总是在黄昏中起飞。这种心情是迷惑人的，又是乱人心智的。它能使你陷入迷惘，混淆敌友，从而破坏人的事业。"因此，消除猜疑之心是保持心理健康的方法之一。

爱猜疑的人，首先要开阔自己的心胸，加强自身的修养，培养开朗、豁达、大度的性格。需要澄清的事实，诚恳同别人交换意见；对鸡毛蒜皮的小事，不要过分计较，不必过分在乎别人的态度与说法。不无端地猜疑别人，理智、冷静地对待别人的猜疑，这就是我们应保持的正常心态。

一旦有了猜疑，不要意气用事，而要冷静分析。人在猜疑的时候，容易为封闭性思路所支配。这时，需要冷静、克制。要多设想几个对立面，只要有一个对立面突破了封闭性思路的循环圈，你的理智就可能及时被唤醒。

宽心术26：用好二八定律，做事就会见成效

二八定律也叫巴莱多定律，是19世纪末20世纪初意大利经济学家巴莱多提出的。他认为，在任何一组东西中，最重要的只占其中一小部分，约20％，其余80％的尽管是多数，却是次要的，因此又称二八法则。

二八法则所提倡的是"有所为，有所不为"的经营方略。它将20：80作为确定比值，本身就说明企业管理不应面面俱到，而应侧重抓关键的人、关键的环节、关键的岗位、关键的项目。因此，企业家要想有建树，就必须将企业管理的注意力集中到20％的重点经营要务上来，采取倾斜性措施，确保它们得到重点突破，进而以重点带全面取得企业经营的整体进步。

要弄清楚哪些经营要务属于20％应该列为重点的工作。就一般性企业来说，不外乎六个方面：重点人才、重点产品、重点市场、重点用户、重点信息、重点项目。将这六个方面的重点按占经营工作20％的比例选定下来，实施二八法则，就有了一个重要的基础。

二八法则揭示了一个道理：一小部分原因、投入和努力，通常可以产生大部分结果、产出或收益。

对于个人，在做事的时候我们同样可以实施这个法则，抓住

重点。一个时期只有一个重点，一次只做一件事情。聪明人要学会抓住重点，首先解决主要问题，然后解决次要问题。

用好二八法则，即把精力用在最见成效的地方。

美国企业家威廉·穆尔在为格利登公司销售油漆时，头一个月仅挣了160美元。他仔细分析了自己的销售图表，发现他的80％的收益来自20％的客户，但是他却对所有的客户花费了同样的时间。于是，他要求把他最不活跃的36个客户重新分派给其他销售员，而自己则把精力集中到最有希望的客户上。不久，他一个月就赚到了1 000美元。穆尔从未放弃这一原则，这使他最终成为凯利—穆尔油漆公司的主席。

有时候，在解决问题的过程中，机遇的出现使你轻松获胜，或者在整个问题得到解决之前取得显著成效。抓住这些机遇！机遇并不会为你和团队创造全部胜利，但鼓舞了士气，增加了信任，让那些关注你的人知道你很能干而且很认真。

善于抓住主要矛盾，其他问题便可以迎刃而解。其实这反映的是人在复杂的问题之间，如何保持清醒的头脑，把握事物的发展方向，有着清晰的解决问题的思路并理清自己的工作思路，终归是方法问题。

善于抓住主要矛盾是一个很关键的工作思路，不仅要着眼于现在，更要把握未来，由此及彼，由表及里，透过现象抓住本质。当我们面临很多工作的时候，心里可能是一团乱麻，如何厘清思路，迅速拿出方案，不仅需要机灵的思维，更要有把握大局的能力。

一个人对于某事犹豫不决时，就会发生如上的迷惑或彷徨。

这时候，如能针对自己的目的，抓住核心问题来研究，就可以抓住事情的本质而不致出错。

现代社会，对人的能力要求是越来越高，而且要求的不仅是某一方面的能力，需要的是一种综合能力。因此，学好运用二八定律，将对我们做事有很大裨益。

宽心术27：我的情绪我做主，跟忧郁说拜拜

为什么有些人会得忧郁症，有些人却不会？这个问题的答案也许不止一个。

专家认为可能导致忧郁症的原因有：遗传基因、环境诱因、药物因素、疾病、个性、抽烟、酗酒与滥用药物、饮食等。

忧郁症主要表现为情绪低落、思维迟缓、兴趣索然、精力丧失、自我评价过低，因而导致生活能力退弱和职业功能减低、工作效率下降。

忧郁症是每个人都可能得的心理疾病。它不能说明你心胸狭窄，也不能说明你品质低劣或意志薄弱。总之，忧郁症与感冒没有任何区别。它只是一种普通的疾病。中国人心理健康的观念比较淡薄，对健康的认识基本上还停留在生理健康的层次。这种状况应该被逐渐打破。所以，如果你或你的亲人得了忧郁症，千万不要感到见不得人或低人一等，仿佛做了什么亏心事一般。其实，我们已经说过，神经衰弱基本上就是忧郁症。既然我们能勇敢地说自己得了神经衰弱，为什么就不能告诉别人，自己得了忧郁症呢？这纯粹是一个观念问题。从某种意义上说，得忧郁症可能说明你是优秀的。天才总是要忧郁的。

忧郁症是可以治好的。这一点非常重要，因为忧郁症患者由

于戴上了有色眼镜，常常悲观绝望，甚至企图杀死自己。其实，这是不理性状态下的不理性想法，所有治好的人回头想想自己原来的感觉，都会觉得好笑。所以，如果你忧郁了，就告诉自己，我的情绪感冒了，我的情绪现在正在发烧，还会打喷嚏，现在很痛苦，但只要吃点药就会好的。

忧郁症与精神分裂是两码事。忧郁症是可以治好的，而精神分裂基本上很难治愈，且会复发。忧郁症也不会发展为精神分裂。你忧郁了，说明不是精神分裂的素质。这其实是一个好的信号，这辈子你想精神分裂都分裂不了。

忧郁症对你的发展很可能是件好事。它让你陷入反思和内省，治愈后你可能会达到比以前更高的层次。所以，如果你忧郁了，不要认为自己是不幸的。塞翁失马，焉知非福。

那么，对抗忧郁症都有哪些药物治疗法呢？

三种抗忧郁药物在临床上普遍被使用：三环类抗忧郁剂、单胺氧化物抑制剂，选择性血清素再摄取抑制剂。医生常常会尝试不同的药物，最后决定哪种药物、多大剂量更适合你。

病人常常过早停止服药。患者应该注意，在你的医生允许之前，不要停止服药，即使是你觉得已经完全恢复了。有些药物需要慢慢地减药，让你的身体有一个适应过程。突然停止服用抗忧郁药物可能引起严重的副作用。在没有咨询医生以前，不要突然停药。对那些首次得忧郁症的患者来说，他们应该在忧郁症状缓解后继续维持药物治疗6个月或更长时间。某些病人甚至需要终身服药。因为，绝大多数病人在停药5年内会重新复发。

如果你服用的是单胺氧化物抑制剂，你要避免吃一些食物，比如腌制食品。询问你的医生什么食物要忌口。其他类的抗忧郁药物一般不需要忌口。在未经大夫同意之前，注意不要混合使用任何抗忧郁药物。在你看其他病时，告诉医生你正在服用抗忧郁药物。有些抗忧郁药物混用会导致非常危险的副作用。有些药物，包括酒精，会减低抗忧郁药物的有效性，应该避免使用。抗焦虑药物不是抗忧郁药物，它们常常是用来治疗你的焦虑症状的，不应该单独用来治疗忧郁症。安眠药和兴奋剂（比如安啡它命）也是不合适的。

只要正确认识自身，遇事别钻牛角尖，合理饮食和作息，忧郁的情绪就会得到很好的缓解。你的情绪你做主，别让忧郁害了你。

宽心术28：友善待人，没什么值得生气的

试想，你与人为善，对别人好，结果人家非但不领情，而且时不时地训斥你几句，你会有什么感觉？不一定暴跳如雷，但郁闷是必然的。当然，一般人是不会这样的，即使偶尔有这么几个，也架不住时间的纠缠，所谓"路遥知马力，日久见人心"，时间长了他总有明白的一天，有悔悟的一天。

人们为了生计而奔波，难免会在名利问题上与别人产生点摩擦，官场上、商海中也总少不了有人和你竞争。能与这些人为善，同时也让这些人与你为善或至少不为恶，是你能不能迈向成功的关键所在。

苏联著名作家叶夫图申科在《提前撰写的自传》中，讲过这样一则十分感人的故事：

1944年的冬天，饱受战争创伤的莫斯科异常寒冷，2万德国战俘排成纵队，从莫斯科大街上依次穿过。

尽管天空中飞着雪花，马路两边挤满了围观的群众。大批苏军士兵和治安警察，在战俘和围观者之间画出了一道警戒线，用以防止德军战俘遭到围观群众愤怒的袭击。

这些老少不等的围观者大部分是来自莫斯科及其周围乡村的妇女。她们之中每一个人的亲人，或是父亲，或是丈夫，或是兄

弟，或是儿子，都在德军所发动的侵略战争中丧生。她们都是战争最直接的受害者，都对悍然入侵的德寇怀着满腔的仇恨。

当大队的德军俘虏出现在妇女们的眼前时，她们全将双手攥成了愤怒的拳头。要不是有苏军士兵和警察在前面竭力阻拦，她们一定会不顾一切地冲上前去，把这些杀害自己亲人的刽子手撕成碎片。

俘虏们都低垂着头，胆战心惊地从围观群众的面前缓缓走过。突然，一位上了年纪、穿着破旧的妇女走出了围观的人群。她平静地来到一位警察面前，请求警察允许她走进警戒线去好好看看这些俘虏。警察看她满脸慈祥，没有什么恶意，便答应了她的请求。于是，她来到了俘虏身边，颤巍巍地从怀里掏出了一个印花布包。打开，里面是一块黝黑的面包。她不好意思地将这块黝黑的面包硬塞到了一个疲惫不堪、挂着双拐艰难挪动的年轻俘虏的衣袋里。年轻俘虏刹那间已泪流满面。他毅然扔掉了双拐，"扑通"一声跪倒在地上，给面前这位善良的妇女重重地磕了几个响头。其他战俘受到感染，也接二连三地跪了下来，拼命地向围观的妇女磕头。于是，整个人群中愤怒的气氛一下子改变了。妇女们都被眼前的一幕所深深感动，纷纷从四面八方涌向俘虏，把面包、香烟等东西塞给这些曾经是敌人的战俘。

故事以这样一句引人深思的话结尾："这位善良的妇女，刹那之间便用宽容化解了众人心中的仇恨，并把爱与和平播种进了所有人的心田。"

面对困难时，人一般有两种反应：一种是很在乎，一种是不在乎。心理素质好的人不会把倒霉当作什么事儿，可心理素质稍微差一些的人就不同了。他们认为上天不公，于是怨天尤人，甚至心怀怨恨，于是以前一个热情的人也会变得冷漠，以前一个善良慈爱的人也会开始生恨。于是在陌生人问路时，他不会动动嘴，而是不理不睬，或者故意指错方向；马路上有人丢了东西，他看在眼里，绝不会喊他一下；散步时踩到一块石子，不是踢到路边去，而是踢到路中间；单位来了新同事，没有给他一个微笑，而是冷眼欺生；有人遇到倒霉事，他更加不会安慰几句，而是站在一旁幸灾乐祸；有人做了好事，他也不满，全是一股嫉妒之心；等等。

倒霉之后，是保持正常的心态，还是带着恶意去生活，其实是一个态度的选择，而且是一种很重要的选择，每个人都绕不过去。

善意的力量是无穷的，它带人进入崇高的境界。善良是一剂良药。从善意出发，你的表现将会更加精彩，生命将会更加有意义。

选择善意的人心情是明朗的、愉快的、坦荡的、温馨的；选择恶意的人，心情常常是阴暗的、烦躁的、猥琐的。日积月累的善意和恶意，会使人发生质的变化。向善会使人升华为高尚，一步步走向成功；向恶的人会事事觉得不顺，一步步走向失意。

友善待人，多一点生活的善意，是一种生活的选择，也是一种人生的境界。你日积月累的是阳光，生活自然会充满灿烂。

第四章
再苦也要笑一笑
——别让不良的心态害了你

心态好，一切都会好。心态是一个人真正的主人，要主宰自己的世界，首先要主宰自己的心态。一个人要前行，必然会遇到各种未知的事情，也有很多难以预料的困扰、麻烦。如果不能控制自己的心态，人生必然会有这样那样的不顺。

太多人悲叹生命的有限和生活的艰辛，却只有极少数人能在有限的生命中活出自己的快乐。一个人快乐与否，主要取决于心态。这个世界是很公平的，没有人一辈子都辉煌，也没有人一辈子都落魄，辉煌与落魄只是一时的，关键是看我们以怎样的心态去面对。

宽心术29：犯错不要紧，别掩饰错误就好

人无完人，难免会犯错误。但犯了错误千万不要去掩饰，而要及时纠正。这样才能避免犯更大的错误。

大学毕业那年，小徐应聘进了一家公司做文秘工作。某日，小徐正在办公室里忙着起草一份文件，老板突然从外边给小徐打来电话，说过一会儿总公司领导要来视察办公环境，且安排的时间非常紧，让小徐把公司所有办公室的门全部打开。

小徐便按老板的话去做。但开到王副总监办公室的门时，小徐好像听到一些动静，他以为里面有人，便错过这间去开下一间了。过了一会儿，老板陪着总公司的领导们来了，一进办公楼，他们便走进一间间办公室，老板热情地介绍各部门情况。来到了王副总监办公室门前时，老板一边推门一边说："王副总监负责全公司的广告策划……"但门没推开，老板略显尴尬，对领导们说："啊，老王没在，我们先看别的办公室吧。"

事后，老板把小徐叫去，问王副总监的办公室为什么没打开。看得出老板有点儿生气。小徐解释道："我去开门时听见屋内有声音，以为王副总监在办公室里。"可老板的表情依然阴沉。

两个月的试用期过后，小徐失去了这份工作。

小徐不知道自己犯了一个比没有打开办公室更为严重的错误，那就是在失误面前不敢承担自己的责任。对老板的询问，小徐的第一句话应该是"这是我的错"，而不应该用"我以为如何如何"来推卸责任。

正确的做法是一旦发现了自己在工作上存在失误，就应当勇敢地承认，即使受到责骂也不过分，因为毕竟是自己的失误给公司造成了损失。但既然问题已经出现，你的勇于承担会换来大家一起为尽量减少损失而共同的努力。

如果因为害怕被追究责任而一味逃避，事情得不到及早解决，酿成的损失可能无法挽回的。

犯错时想极力掩饰是人之常情，每个人都难免有这种心态，但是不要老是以"推诿责任是人性的弱点"为借口宽容自己。勇于承担错误是成功的前提之一，即使所犯的错误微不足道，但逃避的心态也会让你整天患得患失、心力交瘁，而且永远不可能从错误中学习经验，获得成长。更可怕的是，如果正巧被有其他打算的同事发觉了，会为你与成功之间设置障碍。因此，不慎犯错的最佳对策便是勇敢承认。

有一次微软高层开会。比尔·盖茨的发言当中的错误被他的秘书指了出来，比尔·盖茨立即承认："我错了。"对自己的错误及时承认，对自己的言行举止负责，这也是比尔·盖茨能够凝聚一批聪明人在他周围的原因之一。

而作为一名管理者，不遮掩自己错误的做法一定会起到示范的作用。一位供职于某银行的业务主管，在提及下属犯错时说："我很希望我的下属都有承认错误的勇气。没有人不犯错，包括我自己在内，我不会因为谁犯个小错就全盘改变对他的看法，我比较看重的是，一个人面对错误的态度。"

当然，光承认自己的错误是不够的，得提出具体的解决方法，这样不但向上司坦诚认错，同时也展现了你处理问题、修正错误的能力。

宽心术30：心平气和了，一切就圆满了

让自己放轻松，就是心平气和地工作、生活。这种心境是充实自我的良好状态。

我们应该承认，人受了委屈或者憋了一肚子气时，常常需要"释放"怒气。"宣泄"并不奇怪，但是选择什么样的宣泄方式十分重要。比如，理智者会冷静而从容地调整自己的心态；鲁莽者会因其冲动而"莫名其妙"地误伤他人；愚蠢者会莫名其妙地走向极端，甚至采用不可取的自罚形式。

俗语有"宰相肚里能撑船"之说。古人与人为善、修身立德的谆谆教诲警示于世人，一个人若胆量大，性格豁达方能纵横驰骋，若纠缠于无谓鸡虫之争，非但有失儒雅，而且终日郁郁寡欢，神魂不定。唯有对世事时时心平气和、宽容大度，才能处处契机应缘、和谐圆满。

古时有一个妇人，特别喜欢为一些琐碎的小事生气烦恼。她也知道自己这样不好，便去求一位高僧为自己谈禅说道，开阔心胸。

高僧听了她的讲述，一言不发地把她领到一座禅房中，落锁而去。

妇人气得跳脚大骂。骂了许久，高僧也不理会。妇人又开

始哀求，高僧仍置若罔闻。妇人终于沉默了。高僧来到门外，问她："你还生气吗？"

妇人说："我只为我自己生气，我怎么会到这地方来受这份罪？"

"连自己都不原谅的人怎么能心如止水？"高僧拂袖而去。

过了一会儿，高僧又问她："还生气吗？"

"不生气了。"妇人说。

"为什么？"

"气也没有办法呀。"

"你的气并未消逝，还压在心里，爆发后将会更加剧烈。"高僧又离开了。

高僧第三次来到门前，妇人告诉他："我不生气了，因为不值得气。"

"还知道值不值得，可见心中还有衡量，还是有气根。"高僧笑道。

当高僧的身影迎着夕阳立在门外时，妇人问高僧："大师，什么是气？"

高僧将手中的茶水倾洒于地。妇人视之良久，顿悟，叩谢而去。

如果长期处于情绪不佳、易动怒的情形之下，对于身体健康，具有绝对性的负面影响。不为小事生气，就要求我们开阔心胸，不要过于计较个人的得失，不要为一些鸡毛蒜皮的事而动辄发火。愤怒要克制，怨恨要消除。

常为小事生气，这样的人活着会很累。与其把自己累得身心疲惫，真不如在现实生活中，用一种"不较真"的方式做事，以平常之心、平静之心对待人生。你会发现事情好做了很多，人生也充满了坦途。

只有心平气和，人生才得圆满。再看一个故事：

一位绅士过独木桥，刚走几步便遇到一个孕妇。绅士很礼貌地转过身回到桥头让孕妇过了桥。孕妇一过桥，绅士又走上了桥。走到桥中央又遇到了一位挑柴的樵夫，绅士二话没说，回到桥头让樵夫过了桥。第三次绅士再也不贸然上桥，而是等独木桥上的人过尽后，才匆匆上了桥。

眼看就到桥头了，迎面赶来一位推独轮车的农夫。绅士这次不甘心回头，摘下帽子，向农夫致敬："亲爱的农夫先生，你看我就要到桥头了，能不能让我先过去。"农夫不干，把眼一瞪，说："你没看我推车赶集吗？"话不投机，两人争执起来。这时河面漂来一叶小舟，舟上坐着一位和尚。和尚刚到桥下，两人不约而同请和尚为他们评理。

和尚双手合十，看了看农夫，问他："你真的很急吗？"农夫答道："我真的很急，晚了便赶不上集了。"和尚说："你既然急着去赶集，为什么不尽快给绅士让路呢？你只要退那么几步，绅士便过去了，绅士一过，你不就可以早点过桥了吗？"

农夫一言不发，和尚便笑着问绅士："你为什么要农夫给你让路呢？就是因为你快到桥头了吗？"

绅士争辩道："在此之前我已给许多人让了路，如果继续让农夫的话，便过不了桥了。"

"那你现在是不是就过去了呢？"和尚反问道，"你既已经给那么多人让了路，再让农夫一次，即使过不了桥，起码保持了你的风度，何乐而不为呢？"绅士满脸涨得通红。

的确如此，双方只要心平气和地忍让一下，什么事都不会发生的。

古人与人为善、修身立德的谆谆教诲警示世人，一个人唯胆量大、性格豁达方能纵横驰骋，若纠缠于无谓的鸡虫之争，非但有失儒雅，反而会终日郁郁寡欢，神魂不定。唯有对世事时时心平气和、宽容大度，方能处处契机应缘、和谐圆满。

宽心术31：心怀坦荡些，为人处世就容易

悠悠岁月，世事纷扰。芸芸众生中，谁都有过痛苦、困惑、烦忧抑或委屈的时候。如何怀着平淡的心态去看待或解决这些伤神、无奈而又弃之不得的事，这就跟一个人的品格、涵养、智慧和处理问题的能力有极大的关系了。

有这样一则故事：

有一位叫白隐的禅师，是位生活纯净的修行者，因此受到乡里居民的称颂，都认为他是个可敬的圣者。

在白隐禅师的住处附近住着一对夫妇，他们有一个漂亮的女儿，有一天夫妇俩愕然发现女儿已有身孕。夫妇俩勃然大怒，逼问女儿那个可恶的男人是谁？女儿吞吞吐吐说出白隐两字。夫妇俩怒不可遏地去找白隐理论，但这位大师不置可否，只是若无其事地回答："就是这样吗？"孩子生下来后，就被送给白隐。此时，他的名誉虽然已扫地，但他并不以为然，只是非常细心地照顾孩子。平时免不了遭受别人的白眼或冷嘲热讽，但他总是泰然处之，仿佛他是受托抚养别人的孩子一般。后来孩子的母亲实在觉得羞愧，终于老实向父母吐露实情：孩子的父亲是在鱼市工作的一个年轻人。她的父母立即带她到白隐那里，向他道歉，并祈求得到他的宽恕。白隐仍然淡然如水，他没有趁机教训他们，仍

说那句淡淡的话："就是这样吗？"仿佛不曾发生过什么事。白隐超乎"忍辱"的德行，赢得了更多、更久的称颂。

想想我们遇到一点挫折或委屈就容易产生的消沉和迷惘，我们应该感到汗颜。这比之白隐又算得了什么？白隐泰然自若、淡然处之的气度，不但体现了他的品德、修养，而且他的所为也蕴含了一种无限的智慧。假如一开始白隐就据理力争，他的形象也许就不那样完美了。使恒久的忍耐化为无形的坚毅，使无数的干戈化为玉帛，白隐的宽容实际也是一种高深的智慧。

阿光今年刚从大学毕业，他学的是英文，自认为无论听、说、读、写，对他来说都只是雕虫小技。由于他对自己的英文能力相当自信，因此寄了很多英文履历到一些外商公司去应征，他认为英文人才是就业市场中的绩优股，肯定人人抢着要。

然而，一个礼拜接着一个礼拜过去了，阿光投递出去的应征信函却了无回音，犹如石沉大海一般。阿光的心情开始忐忑不安，此时，他却收到了其中一家公司的来信，信里刻薄地提到："我们公司并不缺人，就算职位有缺，也不会雇用你，虽然你认为自己的英文程度不错，但是从你写的履历看来，你的英文写作能力很差，大概只有高中生的程度，连一些常用的文法也错误百出。"

阿光看了这封信后，气得火冒三丈，好歹也是个大学毕业生，怎么可以任人将自己批评得一文不值。阿光越想越气，于是提起笔来，打算写一封回信，把对方痛骂一番，以消除自己的怨气。

然而，当阿光下笔之际，却忽然想到，别人不可能会无缘无故写信批评他，也许自己真的太过自以为是，犯了一些自己没有察觉的错误。

因此，阿光的怒气渐渐平息，自我反省了一番，并且写了一封感谢信给这家公司，谢谢他们举出了自己的不足之处，用字遣词诚恳真挚，把自己的感激之情表露无遗。

几天后，阿光再次收到这家公司寄来的信函，他被这家公司录取了！

以理性面对生活，有利于苦乐中的洗练，可尽享人生中的惬意；以理性面对他人，有利于善恶中的辨识，可近君子而远小人；以理性面对名利，有利于道德上的完善，可提高人品和素质；以理性面对坎坷，有利于安危中的权衡，可除恶保康宁。

在生命流逝的过程中，矛盾、争议和误解几乎无所不在，朋友之间、同事之间、甚至亲人之间都需要我们心平气和的宽容。如果不能宽容，而是带着误会、埋怨甚至愤恨投入到工作生活当中，这样不但使工作得不到应有的进展，生活也不会和谐、快乐。蔺相如接受廉颇的"负荆请罪"，唐太宗接纳魏征无视礼节的劝谏以及刘备"三顾茅庐"……他们的坦荡胸襟实际也是一种智慧。

做人是一门很深的艺术。而学会心怀坦荡地为人处世，也许将使我们受益一生。

宽心术32：认真活在当下，放眼目标于未来

每个人都是活在当下的，悔错之心可以有，但是如果一味地沉浸在过去，一味地太过自责，就会把自己停留在悲伤之中，甚至不可自拔。要是我们得不到所希望的东西，最好不要让悔恨来苦恼我们的生活。且让我们原谅自己，学得豁达一点。

令人后悔的事情在生活中经常出现。有许多事情做了后悔，不做也后悔；许多人遇到要后悔，错过了更后悔；许多话说出来后悔，说不出来也后悔……人的遗憾与后悔情绪仿佛是与生俱来的，正像苦难伴随生命的始终一样，遗憾与悔恨也与生命同在。

人生一世，花开一季，谁都想让此生了无遗憾，谁都想让自己所做的每一件事都永远正确，从而达到自己预期的目的。可这只能是一种美好的幻想。人不可能不做错事，不可能不走弯路。做了错事，走了弯路之后，有后悔情绪是很正常的，这是一种自我反省。正因为有了这种"积极的后悔"，我们才会在以后的人生之路上走得更好、更稳。

但是，如果你纠缠住后悔不放，或羞愧万分，一蹶不振；或自惭形秽，自暴自弃，那么你的这种做法就真正是蠢人之举了。

古希腊诗人荷马曾说过："过去的事已经过去，过去的事无法挽回。"的确，昨日的阳光再美，也移不到今日的画册。我们

又为什么不好好把握现在，珍惜此时此刻的拥有呢？为什么要把大好的时光浪费在对过去的悔恨之中呢？

覆水难收，往事难追，后悔无益。

据说一位很有名气的心理学老师，一天给学生上课时拿出一只十分精美的咖啡杯。当学生们正在赞美这只杯子的独特造型时，教师故意装出失手的样子，咖啡杯掉在水泥地上成了碎片，这时学生中不断发出了惋惜声。可是不断的惋惜也无法使咖啡杯再恢复原形。老师说："今后在你们生活中如果发生了无可挽回的事时，请记住这只破碎的咖啡杯。"

破碎的咖啡杯，恰恰使我们懂得了：过去的已经过去，不要为打翻的牛奶而哭泣！

生活不可能重复过去的岁月，光阴如箭，来不及后悔。从过去的错误中吸取教训，在以后的生活中不要重蹈覆辙，要知道"往者不可谏，来者犹可追"。

错过了就别后悔。后悔不能改变现实，只会减少未来的美好，给未来的生活增添阴影。让我们牢记卡耐基的话："要是我们得不到我们希望的东西，最好不要让忧虑和悔恨来苦恼我们的生活。且让我们原谅自己，学得豁达一点。"

尽管忘记过去是一件十分痛苦的事情，但事实上，过去的毕竟已经过去，过去的不会再发生，你不能让时间倒转。无论何时，只要你因为过去发生的事情而损害了目前存在的意义，你就是在无意义地损害你自己。超越过去的第一步是不要留恋过去，不要让过去损害现在，包括改变对现在所持的态度。

如果你决定把现在全部用于回忆过去、懊悔过去的机会或留恋往日的美好时光，不顾时不再来的事实，希望重温旧梦，你就会不断地扼杀现在。因此，我们要学会适当地放弃过去，将目光着眼于未来。

当然，放弃过去并不意味着放弃你的记忆或要你忘掉你曾学过的有益事情，这些事情会使你更幸福、更有效地生活在当下。

宽心术33：走出抱怨的泥潭，你在为自己打拼

你在为谁工作，为什么工作？这是关于工作意义、人生价值的大问题，每一个人都必须回答，不能也不容逃避。

答案可能形形色色，五花八门，林林总总，丰富多彩，但从根本上说，你是在为自己工作，为自己的幸福工作。

你是在为自己工作，所以，你一定会工作态度端正，工作动力强劲，工作表现优异，工作业绩突出。

你是在为自己的幸福工作，所以，你一定会心想事成，美梦成真，在付出的同时，得到自己追求的幸福。

吉米是一个铁路工人。一天，从一列豪华列车上走下来一个人，他对着吉米喊起来："吉米是你吗？"吉米抬头说："是我，迈可，见到你真高兴。"于是，吉米和迈可（吉米工作的这条铁路的总裁），进行了愉快的交谈。半小时后，迈可走了。吉米的同事都围了上来，他们对于吉米是迈可铁路公司总裁的朋友这一点感到十分震惊。吉米告诉他们，十多年前他和迈可是在同一天开始为这条铁路工作的。有个同事问："为什么你现在还在这里工作，而迈可却成了总裁呢？"吉米忧伤地说："我每天都在为工资工作，迈可从开始就立志为这条铁路工作。"

吉米的话形象地说出了造成两个差别的深层原因：为薪水而

工作与为事业而工作，其效果是截然不同的。

工作有着比薪水更为丰富的内涵。工作是生存的需要。我们生命的价值寓于工作之中，工作是获得乐趣和享受成就感的需要，只有积极地、创造性地进行工作，才能取得成就感，才能体会到成就带给你的快乐。同时，人总要以一定的组织形式存在，要参与到各种各样的组织当中。当你处于一个组织当中的时候，你在自身生命之外又被赋予了一种组织的生命，你就有了为所在组织工作的意义，并从赢得的荣誉中使生命获得升华，从为他人、为组织、为社会的奉献中找到生命的意义。

此外，工作是学习和进步的需要。从生命的本质来说，工作不是我们为了获取薪水谋生才去做的事，而是我们用生命去做的事。所以，工作有着远比薪水多得多的内容。

薪水是我们工作价值的一种反映，是对我们工作的一种回报。我们需要薪水，用以满足基本的物质生活和精神生活的需求。但如果你只为薪水而工作，那就意味着你把薪水看成是工作的目的，当成是工作的全部。只为薪水而工作，就像活着是为了吃饭一样，大大降低工作的意义以及生命的意义。

为薪水而工作，最终吃亏的是你自己，失败的也只能是你自己。职场上许多人工作只是为了自己的那份薪水，他们总会盘算：我为老板做的工作应该和他支付给我的工资一样多，只有这样才公平。在他们的心里，工作的理由很简单：我为公司工作，公司付给我同样价值的薪水，这是等价交换。薪水是他们工作的目标，他们没有工作的信心与激情，对待工作只是应付，能偷懒就偷懒，能逃避就逃避，觉得为公司多做一点点工作自己就会吃亏。他们的工作仅仅就是为了对得起这份薪水，而从来不去想这会和自己的前途有没有关系。他们不知道职位的升迁是建立在把自己的工作做得比别人更完美、更迅速、更正确、更专注上面。

一个人一旦有了这种想法，无异于淹没了自己的才能，断绝了自己的希望，使自己能够成功的一切特质都得不到发挥。为了表示对薪水的不满，你虽然可以随便应付工作，但如果你一直这样做下去的话，你最终会变成一个庸碌狭隘的懦夫。

有很多商业界的名人，他们开始工作时收入都不是很高，但是他们从来没有将眼光局限于眼前的利益，而是依然努力工作。在他们看来，他们缺少的不是钱，而是能力、经验和机会。最后当他们事业成功的时候，谁又能衡量得出他们的真正收入是多少呢！正所谓：不计报酬，报酬更多。

工作的价值远不只是薪水。因此，当你工作的时候，你要告诉自己：我要为自己的现在和将来努力工作，不论自己得到的薪水是多是少。注重才能和经验的积累远比关注薪水的多寡更重要。因为它们是可以创造资产的资产，它们的价值永远超过了你现在所积累的货币资产，是你最厚重的生存资本。

工作不是一个关于干什么事和得什么报酬的问题，而是一个关于生命的问题。工作是人生的一种需要；是为了获得乐趣和成就感；是为了他人与社会；最后才是为了获得自己认为合理的薪水。正是为了成就什么或获得什么，我们才专注于什么，并在那个方面付出精力。从这个本质上说，工作不是我们为了谋生才去做的事，而应是我们用生命去做的事！

宽心术34：忍辱负重谁都有，忍耐一下又何妨

自尊心过重的人一般性格比较内向，感情脆弱，心理承受能力差。这些人怕当众出丑，受不了周围人的嘲弄和"刺激"，为了在群体中间不显得"另类"，往往硬撑面子，维护自尊。其实，适当地放下自尊，厚点脸皮，更容易让自己更轻松地融入群体圈子里，不至于成为群体排斥的对象。

性格内向的人的尊严感有时会显得过分的强烈和敏感，你要是能满足其虚荣心和表面上的尊严，即使你对其利益有所侵犯，对方也能够接受。但是如果你出于好心却又言行不慎，冒犯了对方那根敏感的神经，使其面子受损，对方就会怀恨在心甚至是反目成仇。

出丑总会使人感到难堪。但是只有在无数次出丑中才能练就聪明。内向者不敢出丑，也就无法聪明起来。值得赞赏的是那些勇敢的人，即使有时会在众人面前出了丑，还是洒脱地说："这没什么！"这些曾经出过丑的人们在众人面前展示的将是成功的一面，实际上获得的是真正的大面子和尊严。

交际成熟的人往往在形势对自己不利的时候，如在生意失败、人事斗争中落马、在公司受到当权者或上司羞辱排挤时，常常能够沉得住气，抛得开面子和身份，忍辱负重，以期东山再起

之时。而过分看重自尊的人碰到这种情形时，往往不懂得忍辱负重的奥妙，常常会顺着自己的情绪来对待处理。被人羞辱了，干脆就和别人打架；被老板骂了，干脆就拍桌子，然后自己走人！这么做或许会"因祸得福""弄拙成巧"，但不能忍辱负重，绝对会对人际关系造成某种程度的不利影响。

这种不能忍辱负重的人不管走到哪里，都不能忍气、忍苦、忍怒，一遇到不利情形时，总是像困兽犹斗一般要发作、要逃避、要抗拒，所以常常是形势还没有好转之前，就先被自己打败了。

生活中不断地会有大大小小的委屈发生着，关键是看你处理它们的态度。如果你因为诸如一句羞辱话而辞职不干，那么你永远也没有机会向他人展示你强大的一面。记住这些屈辱，但是不要被它缠住。

自尊心不能不要，一个连自尊心都没有的人是不会受人尊重的。但是也不能过分看重自尊，那样往往会真正失掉自尊。关键是要弄清楚，如何做才算不失自尊，什么样的自尊可以舍弃，什么样的自尊应当自保。

如果不慎犯了错误，最好的做法是调整心态，尽快承认和改正，并能够从中吸取教训，今后不再重犯类似错误。对待错误，要积极面对，想方设法减少损失，只要处理适当得法，可能不会有损个人形象和威信，无碍大局。

当你面对别人故意刁难和挑战的时候，你身处的局面难免会很尴尬，进退两难。在这个时候，有一个好办法，那就是"以彼之道，还施彼身"，首先不要发怒，要冷静地面对责难，然后迅速地找到对方的思考逻辑，并且用同样的方式请对方予以解释，使对方知难而退从而化解难题。这样才不失为一个明智之举。

敢于面对、勇于承认自身的错误和缺点，这是智者的心态，也是勇者的行为。从现在开始，检视自己身上的缺点吧！

记住：凡事从自身找原因，总能找到答案。

宽心术35：怀才不遇的人很多，不只你一个

每个地方都有"怀才不遇"的人。普遍的行为是牢骚满腹，喜欢批评别人，有时也会露出一副抑郁不得志的样子。和这种人交谈，运气不好的时候，还会被他刻薄地批评一顿。

这种人有的真的是怀才不遇，因为客观环境无法配合，"虎落平阳被犬欺，龙困浅滩遭虾戏"，但为了生活，又不得不屈就，所以痛苦不堪。

难道有才的人都会这样吗？并不是的，虽然有时是千里马无缘见伯乐，但大部分都是自己造成的。因为真正有才的人常常是自视过高，看不起能力、学历比他低的人。可是社会很复杂，并不是你有才就可得其所的，别人看不惯你的傲气，自然而然就会想办法给你点颜色看。至于上司，因为你的才干威胁到他的生存，如果你不适度收敛，又怕别人不知你才干似的乱批评，那么你的上司肯定会压制你，不让你出头。于是你就变成"怀才不遇"了。

另外一种"怀才不遇"的人根本就是自我膨胀的庸才，他之所以没有受到重用，是因为他平庸、无能，而不是别人的嫉妒。但他并没有认识到这个事实，反而认为自己怀才不遇，到处发牢骚，吐苦水。这样的人让人感觉到厌烦。

不管有才或无才，凡是有"怀才不遇"感觉的人都是人见人怕。因为你只要一听他谈话，他就会骂人，批评同事、主管、老板，然后吹嘘他有多本事，多能耐。遇到这种情况，你也只好点头称是，绝不要跟这种人唱反调。

"怀才不遇"感觉越强烈的人，越把自己孤立在小圈圈里，无法参与到其他人群里面。每个人都怕惹麻烦而不敢跟这种人打交道，人人视之为"怪物"，敬而远之。不好的评价一旦传播开来，除非遇到爱惜人才、明白事理的上司大力提拔，否则此人将无出头之日。

不管你才能如何，都有可能会碰上无法施展的时候。但就算有"怀才不遇"的感觉，也不能表现出来，你越沉不住气，别人越把你看得很轻。因此，你首先要做的是：

先评估自己的能力，看是不是自己把自己估计得太高了。如果觉得自己评估自己不是很客观，可以找朋友和较熟的同事替你分析。如果别人的评估比你自我评估还低，那么你要虚心接受。

分析一下为什么自己的能力无法施展，是一时间没有恰当的机会还是大环境的限制？有没有人为的阻碍？如果是机会问题，那只好继续等待；如果是大环境的缘故，那就考虑改变一下现有的环境，寻求更好的发展空间；如果是人为因素，那么可诚恳沟通，并想想是否有得罪人之处，如果是，就要想办法疏通、化解。如果你骨头硬，不肯服软，那当然要另当别论了。

考虑拿出其他专长。有时"怀才不遇"是因为用错了专长，如果你有第二专长，那么可以要求上司给你机会去试试看，说不定就此能走上一条光明之路。

营造更和谐的人际关系，不要成为别人躲避的对象，而要以你的才干积极地去协助其他同事出色地做好工作。但你帮助别人切不可居功，否则会吓跑你的同事。此外，谦虚、客气、广结善缘，这些都将为你带来意想不到的收益。

总之，不要有"怀才不遇"的感觉，因为这会成为你心理上的负担。只要你卧薪尝胆，继续强化你的才干，当时机成熟时，你的才干就会为你带来耀眼的光芒，迟早会见到人生的曙光。

宽心术36：荣辱抛一边，我心天地宽

提起羞辱，是每一个人都不想遇到的，但是看那些成大事业的人，却往往都是从屈辱中走过来的。这里，我们并不是在宣扬羞辱的经历是一个人成功的元素，我们要说的是，如果你不幸遭遇到了羞辱的事情，那么不要觉得难堪，不要觉得抬不起头，事实上，要乐观地面对人生：羞辱可以锻炼韧性，可以成就强者。

忍辱负重，从而完成《史记》的司马迁就是一个值得后人敬重的英雄。司马迁的父亲在临死之前嘱咐其子一定要替他完成这项使命。不过当司马迁全身心地撰写史记之时，却遭受了巨大的磨难。

天汉二年，汉武帝派李陵随从李广押运辎重。结果李广遇难，李陵被俘。消息传到长安后，汉武帝听说自己的战将投降，非常生气。满朝文武都顺从汉武帝的想法，纷纷指责李陵的罪过。而司马迁直言进谏，说李陵寡不敌众，没有救兵，责任不全在李陵身上，极力为其辩护。然后他的直言不讳，引起了龙颜大怒。司马迁因此被打入大牢。

司马迁被关进监狱以后，遭受酷吏的严刑拷打。面对各种肉体和精神上的残酷折磨，他始终不屈服，也不认罪。后来司马迁被判以腐刑。当时，这种腐刑既残酷地摧残人体和精神，也极大

地侮辱人格。

当时的司马迁甚至想到了一死，不过后来他想到了父亲遗留给他的使命，想到了孔子、左丘明、孙膑等人，他们所受的屈辱，他们顽强的毅力，还有他们在历史上所留下的成绩都大大鼓舞了司马迁。他立誓无论发生什么样的屈辱，也要把《史记》完成。

征和二年，司马迁终于完成了基本的编撰工作。这期间的数年中，他忍受着身体和精神上的巨大折磨，但这些都没有把他打倒。他用生命谱写的不仅仅是一本旷世的历史著作，更是人类史上一本永存的生命赞歌。

人在遭受了屈辱后，一般都会有两种选择：有的人承受不起这样的折磨，从此悲观厌世、意志消沉，最终身体的屈辱导致了精神的萎靡，从此一蹶不振；有的人即使身体遭受了巨大的折磨，但是内心的火花不败，他们有着顽强的意志和斗争力，终于赢得了人生的荣耀。

北宋时期，范仲淹坚持"庆历新政"，当他被谪居邓州时，突然从高处跌入了人生的谷底，可是他依然可以"心旷神怡，宠辱偕忘，把酒临风，其喜洋洋"。

正确地看待屈辱，把它当成一种刺激人向前的动力，能做到这点的人才是真正的智者。生活中不断地会有大大小小的委屈发生着，关键是看你处理他们的态度。如果你因为老板一句羞辱你的话而辞职不干，那么你永远就没有机会向他展示你强大的一面。记住这些屈辱，但是不要被它缠住。有人因为屈辱而自暴自弃，有人因为屈辱而自发图强，这就是真正的弱者和强者的差别。

　　悲观者把屈辱当成打击，乐观者把屈辱当成激励，两者不同的人生态度导致了不同的人生结局。尝试着对那些屈辱笑一笑吧，把它们带来的郁闷转化成强大的动力，用它们来刺激我们前进的马达。或许正是这些屈辱，让我们更早知道了我们的短处。人生的路上如果总是鲜花和掌声，反而会蒙蔽我们的心灵，遮住我们的眼睛。感谢那些适时飞来的"臭鸡蛋"吧，或许正是它们才能把我们及时砸醒。

　　古人用一副绝世对联告诉我们：寿数有限视宠辱似花开花落平常不惊；人生无垠看名利如云卷云舒坦然无意。我们的人生是短暂的，如果把功名利禄、荣耀光环看得如此重要，那么很容易迷失在那些肤浅的东西上，从而丢失了人生的真谛。

宽心术37：别太看重结果，功到自然成

有的人无论做什么事都过于看重结果，失败了就情绪低落、沮丧，甚至消极避世。我们先看一个故事：

从前，山中有座庙。庙里没有石磨，因此，庙里每天都要派和尚挑豆子到山下农庄去磨。

一天，有个小和尚被派去磨豆子。在离开前，厨房的大和尚交给他满满的一担豆子，并严厉警告："你千万要小心，庙里最近收入很不理想，路上绝对不可以把豆浆洒出来。"

小和尚答应后就下山去磨豆子。在回庙的山路上，他不时想起大和尚凶恶的表情及严厉的告诫，愈想愈觉得紧张。小和尚小心翼翼地挑着装满豆浆的大桶，一步一步地走在山路上，生怕有什么闪失。

不幸的是，就在快到厨房的转弯处时，前面走来一位冒冒失失的施主，撞得前面那只桶的豆浆洒出了一大半。小和尚非常害怕，紧张得直冒冷汗。

当大和尚看到小和尚挑回的豆浆时，当然非常生气，指着小和尚大骂："你这个笨蛋！我不是说要小心吗？浪费了这么多豆浆，去喝西北风啊！"

一位老和尚听闻，安抚好大和尚的情绪，并私下对小和尚

说:"明天你再下山去,观察一下沿途的人和事,回来给我写个报告,顺便挑担豆子下去磨吧。"

小和尚推卸,说自己连磨豆子都做不成,哪可能既要担豆浆,又要看风景,回来后还要作报告。

在老和尚的一再坚持下,第二天,小和尚只好勉强上路了。在回来的路上,小和尚发现其实山路旁的风景真的很美,远方看得到雄伟的山峰,又有农夫在梯田上耕种。走不久,又看到一群小孩子在路边的空地上玩得很开心,而且还有两位老先生在下棋。这样一边走一边看风景,不知不觉就回到庙里了。当小和尚把豆浆交给大和尚时,发现两只桶都装得满满的,桶里的豆浆一点都没有溢出。

其实,与其天天在乎自己的功名和利益,不如每天在努力学习、工作和生活中,享受每一个过程的快乐,并从中学习成长。

只有真正懂得从生活中寻找人生的乐趣,才不会觉得自己的日子充满压力及忧虑。人生是一个过程,而不仅仅是一个结果。

一个屡屡失意的年轻人千里迢迢来到普济寺,慕名寻到老僧释圆,沮丧地对他说:"人生总不如意,活着也是苟且,有什么意思呢?"

释圆静静听着年轻人的叹息和絮叨,末了才吩咐小和尚说:"施主远道而来,烧一壶温水送过来。"

不一会儿,小和尚送来了一壶温水。释圆抓了茶叶放进杯子,然后用温水沏了,放在茶几上,微笑着请年轻人喝茶。杯子冒出微微的水汽,茶叶静静浮着。年轻人不解地询问:"宝刹怎么用温水泡茶?"

释圆笑而不语。年轻人喝一口细品，不由摇摇头："一点茶香都没有呢。"

释圆说："这可是闽地名茶铁观音啊。"

年轻人又端起杯子品尝，然后肯定地说："真的没有一丝茶香。"

释圆又吩咐小和尚："再去烧一壶沸水送过来。"

又过了一会儿，小和尚提着一壶冒着浓浓白汽的沸水进来。释圆起身，又取过一个杯子，放茶叶，倒沸水，再放在茶几上。年轻人俯首看去，茶叶在杯子里上下沉浮，丝丝清香不绝如缕，望而生津。

年轻人欲去端杯，释圆作势挡开，又提起水壶注入一线沸水。茶叶翻腾得更厉害了，一缕更醇厚更醉人的茶香袅袅升腾，在禅房弥漫开来。释圆这样注了五次水，杯子终于满了，那绿绿的一杯茶水，端在手上清香扑鼻，沁人心脾。

释圆笑着问："施主可知道，同是铁观音，为什么茶味迥异吗？"

年轻人思忖道："一杯用温水，一杯用沸水，冲沏的水不同。"

释圆点头："用水不同，则茶叶的沉浮就不一样。温水沏茶，茶叶轻浮水上，怎会散发清香？沸水沏茶，反复几次，茶叶沉沉浮浮，释放出四季的风韵，既有春的幽静和夏的炽热，又有秋的丰盈和冬的清冽。世间芸芸众生，也和沏茶是同一个道理。若沏茶的水温度不够，想要沏出散发诱人香味的茶水不可能；你自己的能力不足，要想处处得力、事事顺心自然很难。要想摆脱失意，最有效的方法就是苦练内功，提高自己的能力。"

年轻人茅塞顿开，回去后刻苦学习，虚心向人求教，不久就引起了单位领导的重视。

水温够了茶自香，工夫到了自然成。历史上凡有建树的人，往往都是很勤奋、很努力的人。任何一项成就的取得都是与勤奋和努力分不开的。

只要你不停止努力的脚步，别急于去求结果。一切，都是最好的安排。

宽心术38：世上谁人不被论，一笑置之即可

我们身边经常出现很多"爱说闲话的人"，这些人的典型特征是到处闲扯，传播一些无聊的、特别是涉及他人隐私的谎言，在背后对他人评头论足。虽说古人早有"谣言止于智者"的忠告，但智者毕竟很少，谣言总是会被传来传去。

大华每天上班都会听到这样的议论：

"哎呀！大华，你的皮肤这么水灵，是不是擦胭脂抹粉了？"

"你看人家大华，要长相有长相，要身高有身高，说起话来斯斯文文，难怪他走到哪都有女孩子追他，抢手货呀！"

"我们单位进来的人都需要有点关系，大华，你认识哪条藤上的人？透露点内幕好让我们也找个投标的对象啊。"

如果是别人，早就和他们较上劲了。可是大华落落大方，毫不生气，有的人觉得他是否还有做人的尊严，怎么可以让人信口雌黄呢？终于有一位同事憋不住问他："他们这么说你，你个大男人一点也不觉得这是在侮辱你吗？你至少也要回敬他们几句，灭灭他们的气焰。如果你一味忍让，往后还怎么做人呢？"

可是，大华却说："何必发火呢？人家不过随便说说而已。"

"那你就忍气吞声？"

"谈不上忍气吞声，况且我不想因为生气而受到伤害。"

大华说他的做人哲学是：莫生气。"只有莫生气，自己才能避免受到伤害。你如果把玩笑当真，大吵大闹地争一个一清二白，不但伤了彼此之间的和气，还伤了自己的元气，到头来闷闷不乐，一肚子的闲气还不是自己受用、自己倒霉？何必呢？再说，那些玩笑话要么含沙射影，要么卖弄唇舌，都有些挑衅的味道，你若沉不住气，上了当，到头来还不是让别人看笑话？一个巴掌拍不响，你不理他们，他们倒觉得没趣，对不对？"

大千世界，人海茫茫，相识本来是缘分，相处更当为善。不要因为小事就和别人生气，纠缠于口舌之争。每个人在生活中都难免遇到不公正的待遇、不礼貌的攻击。这时，你就要尽量克制自己，做到不计较别人的毁誉。

黄炎培先生曾经现身说法："人家的毁誉，不必计较。我小时因为穷，受别人鄙视，屡向人家求婚而被拒绝，直到第六家我已故的王夫人家，先岳父王筱云先生赏识我的文章和楷书，才成全我的婚事。不久在科举场中，我崭露了头角，贺者盈门，都说早就看出此儿不凡。及后参加革命，遭逮捕，险被杀头，立时声誉骤落，大家又看不起此儿了。适避难归来，稍利事业，乃又受称誉。吾乃大悟，做人做事要时刻力求上进。犹如逆水游鱼，至为艰苦。"

一个人的"名声"往往容易毁于"人言"，常言说的"人言可畏"就是这个道理。黄炎培先生主张用"不必计较"来对待毁坏人名声的"人言"，要求人们不必把个人的名声看得过重。没有事实根据的"人言"总是"腿短"的，不会长久站住脚，毁人名声的人也许得逞于一时，但不久定会败露。一个人的品行是有目共睹的，它最有说服力。

因此，面对无端的闲话，不妨采取一笑了之的态度。只要你不在意，闲话就伤害不到你。做好自己就够了，管他别人怎么说！

第五章
跟任何人都能聊得来
——克服人际关系的沟通障碍

口才是一门学问，学得好的人能够轻松自如地面对生活，并且可以借此获得幸福、笑容、掌声、荣誉和力量。人们都会开口讲话，但并不是谁都能把话说得恰到好处。善于说话的人，不仅能流利地表达自己的意图，把道理说得清楚、动听，还能使别人乐于接受。

成功始于沟通，良好的沟通是一切合作达成的基础。

宽心术39：这样与陌生人沟通，很快能拉近距离

无论生活还是工作中，我们时常面对一个个陌生的面孔。假如你很想认识一个陌生人，你需要怎么做呢？那就是：开放的肢体语言，你要微笑，打招呼，握手，眼神接触，点头示意。总之，要让对方觉得，你是一个想与他交谈的人，并且是一个很友好善良的人。

在宽敞的大厅里，人们三三两两地聚在一起，有的仔细品味杯中的美酒，有的在小声地跟同伴说话。这时，一位穿着得体的先生走了进来，他微微笑着，向每一个人点头致意。当他看到大厅的一角有个高个子的人正与同伴愉快地交谈时，他仔细地打量了一下那几个人，然后轻轻地走到那几个人的身边，当听到他们交谈的内容时，这位先生眼睛亮了一下，脸上显出很兴奋的样子，冲着几位礼貌地点头致意。

而那个高个子的人显然也注意到了这位先生，马上站直了身体，眼睛注视着这位先生。这位先生向高个子的人伸出了手，同时嘴里说着"您好……"

随着两只大手握在一起，一段愉快的交谈开始了。

说到与陌生人沟通，就要自我介绍。良好的自我介绍是接近彼此距离的催化剂。具体有如下5种技巧：

1.可以提及双方共同的熟人和兴趣爱好

在社交活动中，如果希望新结识的对象记住自己，做进一步沟通与交往，自我介绍时除姓名、单位、职务外，还可提及与对方某些熟人的关系或与对方相同的兴趣爱好，如"我叫谭兆英，是广东人民出版社的财务主管，我与您夫人是同学""我是李海星，是新兴文化公司经理，我和您一样也是个球迷"。

2.可以适当加点敬语

若在讲座、报告、庆典、仪式等正规隆重的场合向出席人员介绍自己时，还应加一些适当的谦辞和敬语，如"各位来宾，大家好，我叫王伟晨，是华东大学的教师，今天向大家谈谈自己在工作研究上的一些心得，有不当的地方请给予指正。"

3.要选择自我介绍的时机

进行自我介绍，要简洁、清晰，充满自信，态度要自然、亲切、随和，语速要不快不慢，目光正视对方。在社交场合或工作联系时，自我介绍应选择适当的时间，当对方无兴趣、无要求、心情不好，或正在休息、用餐、忙于处理事务时，切忌去打扰，以免尴尬。

4.礼节性介绍也要重视

在某些公共场所和一般性社交场合，自己并无与对方深入交往的愿望，做自我介绍只是向对方表明自己身份。这样的情况下只需介绍自己的姓名，如"您好，我叫许明君""我是江佑林"。有时，也可对自己姓名的写法作些解释，如"我叫陈宇华，耳东陈，宇宙的宇，中华的华"，以加深别人对自己的印象。如果因公务、工作需要与人交往，自我介绍应包括姓名、单位和职务，无职务可介绍从事的具体工作，如"我叫陈昌礼，是大华公司的销售经理""我叫蔡建新，在中海公司从事财务工作"。

5.可以采用迂回的方式激发对方认识你的兴趣

在某些情况下，我们要向对方介绍自己，对方不一定会接受我们，而要做一些事来让对方欣赏，却又苦于找不到适当的机会。这时我们也可采取迂回的技巧，让对方在不知不觉中认识我们、接纳我们。例如，"我认识一个人（我们自己），他能帮助你……""我知道有一个人的想法与你一样……"，等等。

宽心术40：只要心里充满爱，沟通就会无障碍

任何愉快的沟通都始于内心的友爱。

小何是某家房地产公司的业务员。一位老先生嫌市区吵闹，空气不好，老两口打算在开发区买一套房住，但他们在多家售楼公司中徘徊，不知道选哪家的楼盘。

这位老先生的老伴得了胃病，这给了小何一个突破。小何首先以追踪反馈信息的名义拜访老先生，但只和他们谈一些保健知识，说自己做中医的父亲治疗胃病很有一套，老太太便让小何帮忙。当晚，小何让父亲提供一个治疗胃病的偏方，父亲说用猪胃（俗称猪肚子）、通心根、白节藕、莲米等炖汤喝有特效。

第二天，小何买了中药送上门，第三天一早又买了新鲜猪肚子送去。此后每隔几天，小何就送一只猪肚子去，丝毫不提房子的事情。到第五次上门，两位老人拉着小何说："闺女呀，今天下午我们一起签购房合同吧。"

只要是从小何手里买房子的客户，她都尽其所能地给予帮助。有付出就有回报，他们也十分关心小何，主动为小何提供信息，介绍买主。小何的销售一直居于所有同行之首。

还有一个例子。

销售人员："大爷，我能为您做什么吗？"

农夫："不用，只是外面天气热，我刚好路过这里，想进来吹吹冷气，马上就走。"

销售人员："就是啊，今天实在很热，气象局说有32℃呢，您一定热坏了，我帮您倒杯水吧。您在沙发上休息一会儿。"

农夫："可是，我们种田人衣服不太干净，怕会弄脏你们的沙发。"

销售人员："没关系，沙发就是给客人坐的，否则，公司买它干什么？"

（随后农夫走向展示中心。）

销售人员："大爷，这款车很有力哦，要不要我帮你介绍一下？"

农夫："不要！不要！你不要误会了，我可没有钱买，种田人也用不到这种车。"

销售人员："不买没关系，以后有机会您还是可以帮我们介绍啊。您看这款货车的性能……"

农夫："这些是我要订的车型和数量，请你帮我处理一下。"

销售人员："大爷，您一下订这么多车，我们经理不在，我必须找他回来和您谈，同时也要安排您先试车……"

农夫："小姐，你不用找你们经理了，我本来是种田的，由于和人投资了货运生意，需要买一批货车，但我对车子外行，买车简单，最担心的是车子的售后服务及维修，因此我独生子教我用这个笨方法来试探每一家汽车公司。这几天我走了好几家，每当我穿着同样的旧汗衫，进到汽车销售厂，同时表明我没有钱买车时，常常会受到冷落，让我有点难过……而只有你们公司，只有你们公司知道我不是你们的客户，还那么热心地接待我，为我服务，对于一个不是你们客户的人尚且如此，更何况是成为你们的客户……"

如果销售人员只追求推销的结果，抱有急功近利的心态，那么很难对客户奉献爱心。而那些对客户充满爱心的销售人员追求结果，但更注重过程，认为多给客户帮助和爱心是值得的。因此，要成为一流的销售人员，必须对客户充满爱心。

不仅销售员如此，任何一个人在与别人沟通之时都应怀有一颗友爱的心。因为，充满爱心是良好沟通的开始。

宽心术41：敢于说"不"，别让不好意思害了你

生活中总有一些人和事是我们不可避免遇到的，当别人有求于己时又总不好意思拒绝，甚至左右为难。事实上，该拒绝的时候就应该果断。

如果一个人和别人谈话总是说"是"，而不会说"不"，也是难有沟通的结果的。不会说"不"，不会表示拒绝的意思，就会让他人感到误解。所以，与人交往，该说"不"时就说"不"，不能因为爱面子拒绝说"不"，或勉强地服从别人的意愿。说"不"不仅不会影响到彼此的交情，反而会给人一种有主见、有独立思想的印象。

因此，你需要掌握说"不"和拒绝别人的12个技巧：

1. 告诉朋友，朋友之间的分享是有原则的

与朋友交往，要学会分享。但分享也要遵循适度原则，不是所有的东西都可以分享。在人际交往上缺乏适度的距离，结果就会适得其反。

2. 告诉朋友，可以宽容，但不能纵容

宽即宽待，容即相容。宽容就是能设身处地为他人着想，谅解他人的过失，不计较个人得失。但是宽容不等于无原则的纵容，纵容是社交的障碍。

3. 告诉朋友，再要好的朋友也要彼此尊重

尊重是交际礼仪的情感基础。尊重对方也等于尊重自己，尊重还要做到入乡随俗，尊重他人的喜好和禁忌。彼此尊重，是处理人际关系的一项重要原则。

4. 对"太过分"的朋友直言规劝

敢于说批评话，勇于指出朋友的不足，是净友的显著特征。或许这样可能让朋友不高兴，甚至得罪朋友。但抱着对朋友负责的信念，不怕一时得罪朋友，就要对朋友的一些"非分之举"进行规劝。而不是假装看不见，或睁一只眼闭一只眼，采取"多一句不如少一句"的态度。

5. 有关个人权益的事，不要不好意思说"不"

你千万不可不好意思，而应该大方大胆地争取、保护，你如果因为不好意思而丧失自己的权益，是不会有人感激你的。

6. 想拒绝的事，不要不好意思说"不"

很多人就是因为同事、朋友、亲戚的关系而不好意思拒绝，于是借钱给别人、为人做担保，甚至冒险为其两肋插刀。结果一句不好意思，帮了别人，害了自己！

7. 应该要求的事，不要不好意思说"不"

很多人就因为不好意思，而有很多话不好意思说，结果事情做不好，对方得不到好处，你也苦了自己。尤其是如果你已成为单位主管或负责人，在工作上绝对不可以不好意思要求他人，否则将失去权威，被部属欺瞒。

不过，要去除不好意思的性格是很不容易的，只能慢慢学习，逐步改善。只要你愿意，也能了解人性丛林里生存斗争的残

酷，经过一段时间后，自然就不会动不动就不好意思了。

8.诱导拒绝法

甲向乙打听机密，乙神秘地问："你能保密吗？"甲说："能。"乙接着说："你能，我也能。"

9.推托拒绝法

"前几天经理刚宣布过，不准任何顾客进仓库，我怎能带你去呢？"

"这个问题涉及好几个人，我个人决定不了。我把你的要求带上去，让人事部讨论一下，过几天答复你，好吗？"

"这件事我做不了主，我把你的要求向领导反映一下，好吗？"

10.委婉拒绝法

"这个设想不错，只是目前条件不成熟。"

"这倒是个好办法，但我的上司恐怕接受不了。"

"主意不错，可惜我那天正好出差在外。"

11.隐晦拒绝法

"小伙子，我真难以想象公司少了你怎么样，不过我从下星期一开始想试试看。"

"贵公司地理环境不太好，我看××公司可能更适合举办这次活动。"

12.虚实拒绝法

问："中国能拿几块金牌？"答："到时候就知道了。"

问："××认为贵公司不可能按时交货。"答："他们有充分的言论自由，他想怎么说，就怎么说吧。"

宽心术42：善解人意，是良好沟通的开始

耶鲁大学文学教授威廉莱亚·惠勒普斯，在《人性》这篇论文中这样叙述：

我在6岁那年，有一个星期六去斯托拉多姨妈家度周末。记得傍晚时分，来了一个中年男子。他先和姨妈嘻嘻哈哈谈了好一会儿，然后便走近我面前和我说话。当时我正迷上小船，整天抱着小船爱不释手地玩。以为他只是随便和我聊几句，没想到他对我说的全是有关小船的事。

等他走了以后，我还念念不忘，对姨妈说："那位先生真了不起，他懂得许多关于小船的事，很少有人会那么喜欢小船。"

姨妈笑着告诉我，那位客人是纽约的一位律师，他对小船根本没有研究。

我不解地问："为什么他说的话都和小船有关呢？"

"那是因为他是一位有礼貌的绅士，他想和你做朋友。知道你喜欢小船，所以专门挑你喜欢的话题和你说。"姨妈笑着告诉我其中的道理。

台湾有位女明星需要一两个短剧本，她希望日本一位很有名的作家能够为她动笔。这位作家文笔风趣，但他脾气很古怪，一般人的约稿经常被拒绝。

这位明星打电话给他的朋友，请教一下该怎样向作家开口提出要求。

"你究竟打算请他写些什么短剧呀？""我希望他替我写男女别恋，不过要有新的内容，不要以前的故事。""这样很好，他以前写过不少这类的东西，你只需说知道他写过这些剧本，十分崇拜他就行。"

过了两天，这位明星给他朋友打电话，很高兴地说："他不等我提出要求，就答应替我写两出短剧了。"

她朋友说："你们晚餐时，你一直在谈论他过去那些得意之作，是吗？""你猜得对，我主要是讲他的作品在台湾如何受人喜爱。"

聪明的人在结交陌生人的时候——即使是小孩子——也懂得迎合对方的嗜好，这样能让对方感觉到受重视、受尊重。当然，这个"迎"，一定要迎合得巧妙，不能让对方看出任何破绽。

如何迎合对方呢？最常用的方法就是找到你们之间的"共同语言"，这样就能有效避免话不投机的尴尬。

富兰克林·罗斯福是美国第32任总统，1911年，他结束了非洲的考察回到了美国，准备参加第二年的总统竞选。很多人都非常看好这位年轻人，因为他是前美国总统西奥多·罗斯福的堂弟，又是一位非常有名的律师，知名度很高。但是，开始时罗斯福并不是很顺利，虽然很多人都认识他，可是他却不认识那些人。有一次在宴会上，很多人都跟他打招呼，他也礼节性地回应他们，可是罗斯福发现，那些人尽管跟他打了招呼，但脸上的表情都是很冷漠的，似乎看不出对他有好感的样子。

必须改变这种不利的局面。罗斯福想出了一个接近自己不认识的人并能同他们搭话的主意。于是，他对坐在自己身旁的陆思瓦特博士悄悄地说："我很想认识这些人，但又对他们不是很了解，您能给我说说他们的大致情况吗？"陆思瓦特博士对参加宴会的这些人很了解，又是罗斯福很要好的朋友，他当然会帮忙了。于是他就把那些人的情况说给了罗斯福。这样，罗斯福的心里就有了底。他热情地走向他们，根据自己知道的一些情况向他们提出了几个简单的问题，从中了解到他们的性格、特点、爱好，知道了他们曾从事过什么职业，做了什么事情，最得意的是什么。掌握了这些，罗斯福就有了同他们闲谈的资料，并引起他们交谈的兴趣，在不知不觉中，罗斯福成了他们的新朋友。

事实上，几乎每个人或多或少都有一些可以和别人分享的趣事，但是许多人会因为自己与别人的见解不同而羞于表达。如果我们能找到共同的话题，彼此坦诚相待，就能有一个良好的沟通契机，把话谈得投机。

宽心术43：用对8个技巧，一开口别人就喜欢你

人人都希望自己成为受欢迎的人，人人都渴望被别人接纳、认可、喜欢。那么，就需要掌握如下8种沟通技巧：

1. 选择积极的用词与方式

在保持一个积极的态度同时，沟通用语也应当尽量选择体现正面意思的词。比如说客户，常用的说法是"很抱歉耽误您这么久"。这"抱歉耽误"实际上在潜意识中强化了对方"耽误"这个感觉。比较正面的表达可以是"非常感谢您耐心听我这么长时间的介绍"。

2. 擅用"我"代替"你"，擅用"我们"代替"我"

比如，"请问，我可以得到一张您的名片吗？""我们想要你到哪个单位去，这是公司目前最需要的安排。"语言表达技巧是一门大学问，语言讲话其实是你心智的反映，我们说话的语言格局要高，有些人恰恰不懂得这些，沟通不人性化。不要认为只有口头语才能让人感到亲切。我们对表达技巧的熟练掌握和娴熟运用，可以在整个交流过程中体现出最佳的形象。

3. 针对不同的沟通对象采取不同的沟通态度

如上司、同事、下属、朋友、亲人等，即使是相同的沟通内容，也要采取不同的声音和行为姿态。其实，很多时候对一个事

情的判断，并不能简单地以应该不应该和好不好来区分。你什么时候做这件事，把这件事做到什么程度，会直接影响到这件事的本质。要特别强调做事的分寸，"过"和"不及"都是要尽量避免的。我们提倡仁爱、提倡真诚友好的沟通，并不是要大家丧失原则地去宽容所有不友好的人和事。

4. 沟通中要肯定对方的内容，不仅仅说一些敷衍的话

这可以通过重复对方沟通中的关键词，甚至能把对方的关键词语经过自己语言的修饰后，回馈给对方。这会让对方觉得他的沟通得到您的认可与肯定。

5. 因人而异地改变自己的说话方式

一般说来，文化水平高的人，不爱听肤浅、俗气的话，应多用一些逻辑性强的推理；文化层次较低的人，听不懂高深的理论，应多举浅显易懂的例子；刚愎自用的人，不宜循循善诱，可以适当地激一下；喜欢夸大的人，不宜用表里如一，不妨诱导一下；生性沉稳的人，要多调动他的情绪；脾气暴躁的人，用语要明快简洁；思想顽固的人，要善于发现他的兴趣点，进行转化；如此等等。只有知己知彼，才能对症下药，收到最好的说服效果。

6. 不做沉默的"智者"

有些人因为自卑心理或因某种原因而不敢开口说话。其实，你只要勇敢地讲出第一句话，紧接着第二、第三、第四句就会跟着讲出来，别人绝不会在意你说得怎样。所以，把话说出来是关键，因为无论怎样你表达了自己的思想，而与人交流才是学习和进步的阶梯，不要当"故作"深沉的智者，把自己封闭起来并无

益处。

7. 可以试着清除语音障碍

有的人声音尖锐刺耳，有的人声音沙哑低沉，尽管一个人声音的基调改变不了，但每个人还是可以发出一些不同的声音，其中，也必有一种音色是最亮丽而具有魅力的。不同的声音给人的感觉是不一样。坚毅激进的声音，给人一种奋发感；柔和、清脆的声音使人愉快；低缓忧郁的声音让人悲哀；而粗俗急躁的声音使人发怒。

说话太快，使人喘不过气来，听不清，你自己也白费口舌；说话太慢，使人听得不耐烦。在说话中，声调要注意有高有低，正如乐曲中旋律的快慢和强弱，要使你的话如同音乐一样动听，就要注意声调的快慢高低。另外，说话带口头禅，会扰乱节奏，显得杂乱无章。

8. 端正说话态度，沟通效果会进一步提升

在人际交往中，人们最忌讳那种傲慢的腔调、趾高气扬的神情、刻板僵硬的语气。而谦逊的态度、委婉动听的语调，能给人一种心悦诚服的力量。

在奥斯卡领奖台上，著名影星英格丽·褒曼在连获两届最佳女主角奖后，又一次获得最佳女主角奖，但她对和她角逐此奖的弗伦汀娜推崇备至。英格丽·褒曼走上领奖台，手中举起奖杯的时候说道："原谅我，弗伦汀娜，我事先并没有打算获奖。"谦逊的一句话就消除了对方的心理隔阂。

宽心术44：掌握10个技巧，与啥性格的人都能沟通

很多人认为沟通能力的大小与性格有关，外向者善于与人沟通，内向者不善与人沟通，事实并非如此。性格内向者也有许多好朋友、性格外向者没有知心朋友也不在少数。

1. 与性格热忱的人沟通要肯定

性格热忱的人不论从事哪种职业，都能得到肯定与赞赏。这种性格的人工作积极又有效率，是典型先锋性格。富创意、喜爱看到事情的光明面是他们的优点。所以，与此类性格的人沟通时你要及时给予其肯定，并以同样的热情回馈对方。

2. 与性格细腻的人沟通要沉稳

性格细腻的人很重视团体合作，不喜欢抢风头。他们温和善良，不要计谋，人们都愿意与其相处。与此类性格的人沟通，你最好扮演较为沉静的角色，千万不要因言语不当对其伤害。因为此类人往往不容易原谅别人。另外，此类性格的人多很勤俭，很会精打细算，与其交往时最好不要过于计较，体现出你的大方来。

3. 与活泼性格的人沟通要激发

性格活泼的人重视整体人际关系，能很快适应新环境并结交新朋友，办事很有效率，很讨人喜欢。这种类型的人天生好奇，

对所有的人、事、物都抱有很大的兴趣，喜欢学习各种新东西。他们经常是聚会和晚会上的灵魂人物。因此，与此类性格的人沟通，首先要激起他的好奇心，并适时地给予赞美。

4. 与谨慎性格的人沟通要谨慎

谨慎性格的人善于察言观色、尽忠职守、生存力强，懂得应变进退，善于营造和谐气氛，是容易相处的又易得到赞许的人。此类性格的人在人际交往中很受欢迎，因为他们既不爱出风头，又不会给人难堪，让周围的人感觉没有杀伤力。与此类性格的人沟通，说话一定要谨慎用词。因为极有可能你无意中的一句话就引起对方的反感。

5. 与冷静性格的人沟通要讲究认真

冷静性格的人，做起事来一板一眼且小心翼翼，工作对他们而言是乐趣及成就感的来源，他们行事井然有序得令人佩服，但有时却又少了点变通的弹性，给人个性内向、拘谨的感觉。通常这种性格的人不懂得表达自己的个性，让人有不易相处的印象，加上要求又特别多，令人无所适从。所以，与此类性格的人沟通，要先走进他们的内心，只要用心相处，沟通起来并不难。

6. 与擅长交际的人沟通要学点公关之道

这种类型的人有极佳的公关手腕，所到之处都能很快与人打成一片，好交际的性格更能博得人们的好印象与赏识。这种人左右逢源，如鱼得水，通常都是焦点人物。但是他们做事常常缺乏计划、想比做的多，散漫、金钱观淡薄、企图心不强，又是"迟到一族"，这些均是造成他们晋升的绊脚石。与此类人沟通，最重要的是走进他的内心，从他的角度出发看待问题，并充分地以心换心。任何虚浮的客套，在他们眼里都不屑一顾。

7. 与沉默寡言的人沟通要示以倾慕

稳定、内敛、不多言是沉稳性格给人的第一印象，但他们有着对人、事、物敏锐的观察力，缄默时的他们正处于"打量评估期"，所以这种性格的人总能很清楚地对周围的情况作出准确的判断，在任何事情上，都像旁观者一样冷静和客观。与此类性格的人沟通，要充分相信他的能力并示以倾慕。

8. 与浪漫性格的人沟通要激发他们的创意

浪漫性格的人欠缺耐心，生性爱热闹、热心、慷慨不计较金钱及随和的个性，使他们的人缘不俗，感觉敏锐且洞察力强，常以开玩笑方式说出对事情的见解，不容易感到像谨慎性格的人一样具有心机，反倒让人觉得平易近人、容易相处。做事勇于突破传统、有魄力，但一遇到挫折会很快打退堂鼓，缺乏愚公移山的恒心与毅力。与此类性格的人沟通，要表现出你的慷慨大度，并主动。

9. 与固执性格的人沟通要给予理解和协调

固执性格的人是尽忠职守把分内工作做好的人，持有"一分耕耘、一分收获"的态度，是标准的工作狂，在诸多性格中，跃居"最负责任感"之冠。这种性格的人很难接受别人的意见，除非别人比他们优秀。与此类性格的人沟通，要首先对其所持的观点表示认同，然后给予充分的理解，最后通过深入的交往再求同存异。

10. 与脆弱性格的人沟通要多鼓励和激励

脆弱性格的人有着过人的智慧，能完整、高效益地分析与策划，对自己有高度的自信与优越感，却又非高傲冷酷，但是他们脆弱的性格常常能引发别人的同情心，反而人缘相当不错。与脆弱性格的人沟通时，要给予不断的鼓励，增强他们的抗挫能力，使他们变得坚强而勇敢。

宽心术45：学会9个技巧，与啥脾气的人都能沟通

与人交涉时，倘若能够明白对方属于何种类型，沟通起来就比较容易了。现列举如何与10类脾气的人沟通：

1. 与死板的人的沟通方法

这种类型的人，就算你很客气地和他打招呼、寒暄，他也不会作出你所预期的反应。他通常不会注意你在说些什么，甚至你会怀疑他听进去没有。

你是否也遇到过这种人？

和这种人打交道要花些工夫，仔细观察，从他们的言行中，寻找出其所真正关心的事来。你可以随便和他们闲聊，只要能够使他们回答或产生一些反应，让他们充分表达自己的意见。每一个人都有他感兴趣和所关心的事，只要你稍一触及，他就会开始滔滔不绝地说，此乃人之常情。因此，你必须好好掌握并利用这种人的心理。

2. 与傲慢无礼的人的沟通方法

有些人自视甚高、目中无人，时常表现出一副"唯我独尊"的样子。但是，当你不得不和他接触时，你要如何对付他？我们只要同情他，而不必理会他的傲慢，尽量简单扼要地交涉就对了。

3. 与沉默寡言的人的沟通方法

和不爱开口的人交涉事情，实在是非常吃力的；因为对方太过沉默，你就没办法了解他的想法，更无从得知他对你是否有好感。对于这种人，你最好采取直截了当的方式，让他明白表示"是"或"不是"，"行"或"不行"，尽量避免迂回式的谈话，你不妨直接地问："对于A和B两种办法，你认为哪种较好？是不是A方法好些呢？"

4. 与深藏不露的人的沟通方法

我们周围存在有许多深藏不露的人，他们不肯轻易让人了解其心思，或知道他们在想些什么，有时甚至说话不着边际，一谈到正题就"顾左右而言他"。当你遇到这么一个深藏不露的人时，你只有把自己预先准备好的资料拿给他看，让他根据你所提供的资料，作出最后决断。

5. 与草率的人的沟通方法

这种类型的人，乍看好像反应很快；他常常在交涉进行至最高潮时，忽然妄下决断，予人"迅雷不及掩耳"的感觉。由于这种人多半是性子太急了，因此有的时候为了表现自己的"果断"，决定就会显得随便而草率。倘若你遇到上述这种人，最好按部就班地来，把谈话分成若干段，说完一段（一部分）之后，马上征求他的同意，没问题了再继续进行下去，如此才不致发生错误，也可免除不必要的麻烦。

6. 与顽固不通的人的沟通方法

顽强固执的人是最难应付的，因为无论你说什么，他都听不进去，只知坚持自己的意见，死硬到底。跟这种顽固分子交手，是最累人且又浪费时间的，结果往往徒劳无功。因此，在你和他交涉的时候，千万要记住"适可而止"，否则，谈得越多、越久，心里越不痛快。对付这种人，你不妨及时抱定"早散""早脱身"的想法，随便敷衍他几句，不必耗时费力自讨没趣。

7. 与慢性子的人的沟通方法

对于行动比较缓慢的人，最是需要耐心。你与人交际时，可能也经常会碰到这种人，此时你绝对不能着急，因为他的步调总是无法跟上你的进度，换句话说，他是很难达到你的预定计划的。所以，你最好按捺住性子，拿出耐心，尽可能配合他的情况去做。此外应该注意的是：有些人言、行并不一致，他可能处事明快、果断，只是行动不相符合罢了。

8. 与自私的人的沟通方法

这世上自私自利的人为数不少，无论你走哪儿，总会遇到几个。这种人心目中只有自己，凡事都将自己的利益摆在前头，要他做些于己无利的事，他是断不会考虑的。他们始终在计算着自己的利益。正因为他们最看重数字，故有所坚持的一定是自己的利益；至于其他事情，他们不会在意如何做好它，只考虑怎样做才最省事。这种悭吝之徒，任谁都不会对他们产生好感。

9. 与冷漠的人的沟通方法

人的心态和感情，常常会透过脸部的表情显现出来，故在交际的时候，表情往往可供作判断情况的工具。

然而，有些人却是毫无表情可言的，他的喜怒不形于色，这种人若非深沉就是呆板。当你和这种人进行交际时，最好的方法就是特别注意他的眼睛和下巴。你可以从对方的表情中，看出他对你所持的印象究竟如何？有时候，自己会过分紧张得连表情都不很自在，此时，你不妨看看对方的反应：是不加注意、无动于衷？还是已然察觉、面露质疑？留意他的眼神，你一定可以得到答案。

宽心术46：运用2个技巧，与任何年龄的人都能沟通

长幼之间的谈话艺术，不仅仅是一个方式方法问题，其实更是一个态度问题。年长者与年幼者沟通应采取平易近人的方式，运用适当的语言技巧可符合晚辈的心理需要；而晚辈与长辈或长者沟通总的要求是以尊重为前提，以关心体贴为重点，给予长者更多的爱心。

1. 长辈对晚辈的沟通

对于已经成人的青少年，他们由于刚刚长大，自主自立意识增强，对父母、老师的"谆谆"教导已经厌倦了，产生或明或暗的抵触意识。这时，与之交谈，就要考虑到这点，尊重他们的自尊心，采取委婉方式，在"暗"话中启迪引导，使他们自己感悟和领会。

生活中有大事、有小事、有急事、有缓事，长幼之间性格也有急有慢，所以从这个角度来说，也需要注意谈话的艺术。有些事情没有必要或者不方便把事情向年轻人、子女讲清楚，就可"长"话"短"说，把话题迅速切断，用几句最简洁而精练的话把很麻烦的事情解释开，或者转换一个话题。尤其在父母与年幼子女之间，有一些话题比较敏感，更宜用此法。

生活中的一些大事，尤其是有是非的大事不能仅限于暗示。

长幼之间在谈论一些重要问题的时候，要讲究"硬"话"软"说的艺术。因为家庭不是法庭，父母不是法官，不能使用法官在法庭上面对罪犯所使用的语言同子女谈话。有些做长辈的，在子女本来需要规劝的时候，却因使用了"语重心长"的方式，以至于子女同长辈疏远而不肯听从长辈的要求，在歧路上越走越远。

长辈要掌握这一谈话艺术，要注意几点：

第一，需要有正确的思想和态度，要有同子女平等相处的民主作风。如果你总是摆出"老子说一不二"的架势，是一定谈不拢的。

第二，需要有一定的文化素养，谈话幽默而深刻，自然会有说服力和吸引力。缺乏学识的长者只会训斥人，而不能使晚辈心悦诚服。

第三，需要有自控力，使自己能当急而不急，当怒而不怒，不论在家庭中还是在社会上都一样讲究谈话的方式和方法。

2. 年幼者同老年人（长者）的沟通

人到老年，各种生理机能减退，思维迟缓，行动不便，甚至说话不清，而且心理上也发生了很大变化。作为晚辈，应当用古今中外寿星的故事去鼓舞和激励老人与衰老、病痛抗争，还应用科学的保健知识去指导他们。比如：

"昨天我步行了18.5公里路。"一个老年人说，"呃，一个67岁的人，不能说不健康吧！"当然你只有一句话可以回答："琼斯先生，我当你还不到56岁呢！""我可是已经67岁了。"他有些喜悦地重复说着。"我想这是不可能的吧！"你再次强调着。这时你可以感觉到，老人心里非常高兴。

所以，在你与老年人谈话的时候，先不必直接提起他的年纪，你只提起他所干的事情，而这些事情与他的年纪无关，这样你的话语就能温暖他的心，使他觉得你是一个非常可爱的人。

年幼者与老年人沟通，需要把握以下几个原则：

第一，青年人要主动关心老年人，以礼相待，取得老年人的好感。

第二，青年人要虚心向老年人请教，既在知识上获益，又使长辈感受到尊重。

第三，努力适应和宽容老年人的一些缺点和与青年人不同的一些习惯，关心老年人的生活，常与他们交流感情，这样才能更好地与年长者沟通。

第四，不要乱开玩笑。同龄人相见开开玩笑，相互戏谑，能给生活增添乐趣，即使荤素兼行，亦无伤大雅。但跟老年人却不要乱开玩笑，弄不好就会触怒老年人。

第五，不能直指其错。老年人虽人生经验丰富，知识修养也较高，但是总会有智者之失。年轻人发现后不应直接指出，以免损害老者的自尊心。

第六，不要显能炫耀。年轻人跟老年人交往，尊重老人为第一要务，谦虚恭敬是起码要求。在老人面前显能炫耀，既是一种不恭的表现，也是一种失礼行为。

第七，不要心不在焉。老年人一般比较爱唠叨，回忆起往事，或提到自己得意的事，便没完没了。因此，跟老年人交往就要有耐心。倘若老人谈得津津有味，而你却左顾右盼，显得不耐烦，必会给老人一种不好的印象。

宽心术47：具备6个技巧，与异性沟通无阻力

与异性讲话，不同于与恋人和夫妻之间的讲话。由于性别的敏感性，在同异性讲话时，人们特别容易感到性别的差异，因而自觉或不自觉地抑制自己的情感，从而影响自己的口才和讲话能力。

比如，在讲话时，异性之间会故意回避有关性的问题，很少使用与性有关的字眼，甚至有关性、爱情的学术讨论都难以开展。在同异性讲话时，人们的坐、站、行的姿势都会尽量掩盖性的特征。有的人同异性讲话就很不自然，心情十分紧张。如果不讲究讲话技巧和艺术，就很难收到预期的效果。下面介绍几种非常有效地与异性交谈的方法。

1. 投其所好

投其所好，即去引导对方谈其感兴趣的话。这样做，即使你的谈话不多，也会给人家一种亲切的印象。例如，我的朋友蒙子在中秋节来临时，乘车回去与家人团聚。碰巧和一个"她"坐在同一排座椅上。而他不久便发现了身旁那道新的风景：身材苗条动人，一双大眼睛充满灵气。于是蒙子在心里悄悄地对自己说："噢，要是能认识她该多好啊！"但该怎样认识呢？后来他见到"她"面前放着一本《文学词典》，这才灵机一动，开口问道：

"嗨，小姐，你带着一本《文学词典》，想必也是一个文学爱好者啰？"就这样，由他那句话作引子，他们从鲁迅、胡适谈到三毛、王蒙；从唐诗宋词谈到朦胧诗小散文……谈到终点站时两人就已交上了朋友。

2. 没话找话

有时，当你想与异性交谈时，他却拒你于千里之外。这时该如何对付呢？最好是找个美丽的借口使其愿意与你继续交谈。

3. 赞美鼓励

人是喜欢被称赞的，无论6岁还是60岁的人都一样。与异性说话时用赞美来鼓励，提起了他的自尊心，就比较容易打开其话匣子。这个方法同样适用于你的部属或同学、你的丈夫或太太，以及你所打交道的一切熟人和陌生人。

4. 谈论趣事

聪明的人，在与异性谈话时恰到好处地选择那些生活中趣事作话题，既可以消除彼此间的距离，更容易产生共鸣，增加亲切感。比如选择一些比较轻松、大众化的话题：影视圈里的绯闻轶事，音乐界里的排行夺魁，校园生活的诗情画意，等等。

5. 随机应变

和异性交谈，要比和同性谈话加倍地留心才是。因为你对他（她）所知甚少，加之性别的缘故，彼此之间的话题就显得特别谨慎敏感。所以你不得不重视任何可以得到的线索和暗示，随机应变地调整你的语言。

6. 善用激将

与异性交谈，有时会遇到特别矜持的异性（女性居多）。当男子首先向她说话的时候，她像惜语如金似的仅用"是"与"不是"作答，无论你如何发问，她总是简单作答。对于这样性格的异性，你就要锲而不舍，耐着性子继续进攻，你要相信，时间能慢慢地使陌生者变得亲切起来，甚至引出她最有兴趣的话题，逐步改变"话不投机"的局面。

宽心术48：熟谙4个技巧，与名人沟通很简单

在一般人看来，与名人交谈是生活中不可避免但又令人发怵的事情。其实，只要你了解"名人也是人"这样一种心理基调和掌握几种恰当而有效的交谈辞令，根据名人的具体情况与此时此地的情境有所选择地发挥你的口才，一样能达到正常沟通和交流的目的。

请记住与名人沟通三要素：谈名人最感兴趣的话题；赞美名人最得意之处；对名人表示尊重和关注。

1. 表示你的尊重

人人都渴望得到尊重。而对尊重的渴望，一向在社会中得宠的名人更迫切、更强烈。因此，在与名人打交道时，准确而真诚地表达你对名人的尊重是交际谈话成功最关键的一条。

一位酒店经理所在的酒店接待了一个著名的艺术团体。经理在致欢迎词中热情洋溢地说："世界上有两种富翁：一种是物质的富翁，一种是精神的富翁。而今天来到我们酒店的诸位艺术家就是精神的富翁，你们拥有不能用金钱物质来计算的精神财富。同是有良知的人们，不一定为物质的富翁鼓掌，但一定为造诣深厚的艺术家们鼓掌，这掌声就是你们的价值。我非常倾慕你们的富有，倾心于你们的价值，假如来世我再投生，我愿走进你们的

行列，做一名光荣的艺术家……"全体艺术团员们对酒店经理这段情真意切的欢迎词报以长久的雷鸣般的掌声。艺术团团长激动地紧握经理的手，连声感谢这一番激动人心的鼓励。

2. 表达你的赞美

这种赞美应是由衷的、发自内心的，它同样源于你对名人的尊重。表达赞美就是在表示了尊重的前提下对名人某一方面的突出、杰出或特别的地方加以夸赞，使名人对你顿生好感。

有一个大学讲师想请北京某文化名人为自己的一本即将出版的书题写书名，得知来访者的意思后，这位一贯以幽默著称的名人笑着说："是题字啊，可以，不过，现在讲究经济效益，请我题字是不是应该付点钱啊！便宜一点儿吧，300元一个字，怎么样？"这虽然是开玩笑，但年轻的讲师也听出了这位名人似乎对常有人打他的手迹的主意有些抱怨之意。于是，她说："×先生，您这话可是只说对了一半哟。要得到您的墨宝，理当付钱。可是，您的字何止值300元钱一个呢？比如说，我想要一件值300元的衣服，这家商店买不着，还可以到别的商店去买呀，可您的墨宝只可能出自您的手下，天底下别无他处可寻呐。那么，在我看来，您的哪个字都真正的是无价之宝啊。我付多少报酬恐怕也不够呢！"几句话说得这位早已听惯了恭维之辞的知名人士竟觉得"别有一番滋味儿"，遂"欣然命笔。"

3. 表达你对名人从事职业（专业）的兴趣

这实际上就是谈名人最感兴趣的话题，谈名人最喜欢谈的话题，谈名人最能发挥出色的话题，从而使名人乐意与你交谈，进而增进沟通了解，达到你的交谈目的。

一位青年教师在一个语言学术研讨会上见到了著名语言学家张志公先生。由于年事已高，加之旅途劳顿，会议主持者告诉其他人不要打扰张老休息。但这个教师非常渴望见到他景仰已久的前辈。于是，这个教师在会间休息的空隙不失时机地先介绍自己，然后说："张老，不论在语言学还是年龄上，我都是您的晚辈，今天相见是我渴慕已久的。我在上大学时就拜读过您的几本著作，我的毕业论文就是论述您与语言学研究方面的，后在一家学报发表了，请您多多加以指教。（递过剪贴卡）张老，我对语言学研究入了迷，这次会上我也带了篇论文，也想请您指教。如果可能，还想麻烦张老与大会主持说一下，让我在会上交流一下。只要十分钟！您德高望重，肯定能行的！"张志公听后，很愉快地答应了青年教师的要求。可见，谈名人最感兴趣的话题，再转以对他们的崇敬与尊重，会很有效地打动名人的心灵。

4. 当你遇见的名人声望日趋下降时

当你遇见一位曾名噪一时而现在已不再引人注目的人物时，你通常要三思而后行。人们很想得知年岁较大的政治家、演员和运动员，面对事业上、政治上的黄金时代即将过去这一事实有何感触，但又不愿为了获得这些消息当面提问而刺伤对方的自尊心，最好的办法是用风趣活泼的三言两语扫除跟名人初次交谈时的拘束感和防卫心理，以活跃气氛，增添对方的交谈兴致，这是炉火纯青的交际艺术。

第六章
遇见未知的自己
——用行动彻底放松你的身心

在百忙之中，能够静下心来细细审视自己、沉淀自己、关爱自己，犹如夏日午后的那杯绿茶，清淡而沁人心脾。希望这个审视的过程和结果能够让你重新感悟人生，发现生活的美好，面带微笑地踏上新的征途！

宽心术49：没事幽一默，自在胜佛陀

现代社会中，每一个人的生存压力都很大。社会调查表明，很多人由于过大的工作压力，身体一直处于亚健康状态。静下心来问一下自己，已经多久没有开心地笑过了，或许你连自己都不清楚了。这样的生活是不健康的，积极向上的生活是需要幽默和笑声来点缀的。

幽默是最有效的精神按摩方式。如果一个人常处于颓废、沮丧、愁闷的精神状态下，那么疾病缠身的概率要比那些幽默、开朗、愉悦者大得多。所以对于生活压力很大的当代人而言，学会幽默无疑是一个调节身心的有效妙方。

据说美国某些科研机构已经推行幽默疗法，幽默可以使许多患者全身肌肉得到松弛，解除烦恼、内疚、抑郁的心理状态，从而更有利于疾病的治疗。研究表明，幽默可以减轻烦恼带来的郁闷感，减轻病痛带来的痛苦感，有利于调节情绪和消除身心疲劳。

全国最佳健康老人、被誉为"军中不老松"的百岁将军孙毅，是一个极富个性和幽默的老革命将领。在当年的长征路上，按照他的级别，本应配马。但共产国际派来的军事顾问李德却以"孙毅是白军过来的"为由，取消了他的骑马资格。面对如此

歧视和不公，孙毅却一笑置之："没有了四条腿，我还有两条腿嘛！"就这样，他毫不介意地凭着自己一双铁脚板走完了长征路。每当有人提起这段不愉快的往事时，将军总是豁达地调侃道："我还真要感谢那位李德先生，他使我锻炼了两只脚，为健身打下了基础。"多么幽默而富有大将气魄的情怀。我想孙毅将军之所以能够健康长寿，与他这种幽默的人生观脱离不了关系。

在人生道路上，令人郁闷的事情常会发生。倘若能够有一颗聪慧、幽默的心，便可以化郁闷为动力，拥有一个快乐的人生。幽默不是成功者的专利，事实上它可以表现为一种自嘲，表现为一种调侃，表现为一种风趣诙谐的生活态度。它不仅仅对我们自身的心情有益，同时也影响了我们周围的人。

有位年轻人，刚买的摩托车便被一场意外撞成了无用的残骸。面对着肇事者，很多人以为他会大骂一顿解解恨，然而这个聪明的年轻人却如此说道："唉，我以前总说，要是有一天能有一辆摩托车就好了。现在我真有了一辆摩托车，而且真的只有一天！"周围的人都笑了，连肇事者也忍不住为这个年轻人的胸怀竖起了大拇指。他没等年轻人张口，便主动掏出了全部赔偿费。

智慧的人都是懂得幽默的。对于这个年轻人而言，车被撞坏已成事实，即使开口大骂也无法挽回，不如以这样一种幽默，既让自己不那么难受，又能轻松地赢得赔偿。事实上，幽默并不神秘，每一个普通人都可以做到。我们要擦亮眼睛，认真体会生活，幽默就在生活的点点滴滴中。

幽默来自于乐观的生活态度和积极的心理状态。一个有幽默感的人必定是一个心理健康的人，他懂得如何以幽默来保持乐观，来打破僵局，来解除敌意，化解尴尬。此外，幽默代表着一种高尚的生活态度，优雅的生活观念。作为一个幽默的人，他不但可以自我消遣，排除生活中各种郁闷、压抑的情绪，而且还能把这种快乐传染给身边的人，从而建立起一种和谐的、健康的生活环境。这都是利于人类健康生存的重要因素。

让我们都尽力去发挥自己的幽默感吧！调节自己的身心，也感染我们周围的人。

宽心术50：压力大没啥大不了，笑一笑就没烦恼

医学研究表明：一个情绪乐观的人往往有健康的身体。在经典名著《一千零一夜》中聪明的老国王所罗门留给我们一颗智慧的明珠："愉快的心情能治百病，沮丧和沉闷会使人疾病加身。"

医生们现在已经在许多领域里证实笑声有积极作用。沙伦·贝格利博士在《笑的生理学》中解释说："一次大笑所产生的生理作用，在许多方面相似于一次中等程度的体育锻炼。腹部、胸部、肩部等的肌肉收缩，心率和血压增高。在一次爆发性的大笑以后，脉搏的频率会加倍，从每分钟60次变为120次，心脏的收缩压会从平常的120很快升高到十分激动时的200。"

有这样一条新闻：新加坡某公司为了激励员工上班的士气与消除员工的工作压力，安排了一个教导员工怎样开怀大笑的课程，利用大笑来提升员工的士气，让他们心情变好。看看喜剧或是听听笑话也是一个让自己神经松弛的好方法。

人是精神和肉体的统一体。身、心之间有明显的相互作用。一个人情绪的好坏直接影响到他的工作、生活和身体健康。从医学上来看，笑是心理和生理健康的反应，是精神愉快的表现。笑能消除神经和精神的紧张，使大脑皮质得到休息，使肌肉放松。特别是在一天紧张劳动之后或工间休息时，说个笑话，听段相

声，大脑皮质出现愉快的兴奋灶，有利于消除不良情绪。

笑还是一种特殊的健身运动。人一笑便引起面部眼、口周围的表情肌和胸腹部肌肉运动。"捧腹大笑"时连四肢的肌肉也一起运动，从而加快了血液循环，促进全身新陈代谢，提高抗病的能力。

笑对呼吸系统有良好的作用，随着明朗笑声，胸脯起伏，肺叶扩张，呼吸肌肉也跟着活动，好比一套欢笑呼吸操。同时，哈哈大笑还能产生"出汗、泪涌和涕淋"之效果，起到促进汗液分泌，清除呼吸道和泪腺分泌物的作用。笑是一种最有效的消化剂，愉快的心情能增加消化液的分泌，欢声笑语可促进消化道的活动，使人食欲大增。这时候，你还有抑郁的心情吗？

笑还具有去病保健、抗老延年的意义。伟大的生理学家巴甫洛夫认为："愉快可以使你对生命的每一跳动，对生活的每一印象易于感受，不管躯体和精神上的愉快都是如此，可以使身体发展，身体强健。"

相信压力在你开怀的笑声中会慢慢散去，只要你能找到可笑的事。那么喜剧片、幽默相声、小品、笑话书就是你的减压必备品了。

现代人都普遍感到生活压力大，难免心理失衡。心理的不平衡毋庸置疑会带来不良情绪，这种心理是因为感到别人多而自己少而不满。反之，自己多而别人少，或自己好而别人差，则其心理便感到平衡了。显然，根本就是自私心理在作怪。这种由苛求公正而引起的心理压力就如同慢性毒药，使人意志消沉，整日闷闷不乐，并使成功的力量逐渐消耗殆尽，恶性循环也因此建立起来。同时，这种长期压抑的不良情绪会给人体带来持续的伤害。

但我们依然要工作要生活，如下平衡心理六大招可以帮助到你：

1.争取客观地看待每一件事情，多一份平静豁达。

2.尽量不再说："要换了我会这样对待你吗？"或者其他类似的话，而应该说："你我有所不同，只不过我暂时难以接受这一点。"这样你就可以建立而不是断绝与别人的交往。

3.不要把自己同别人或别的事情来回比较。在制订自己的目标时，不要考虑周围的人在做什么。如果你要做一件事情，就应该全力以赴地做好它，而不必羡慕别人所具备的优越条件。

4.不要根据自己的行为期待别人给予同等的待遇。例如，当你讲出"我如果晚回家总要给你打电话，你为什么不给我打电话"之类的话时，立即改正自己，大声地说："我觉得你要是给我打个电话，就更好了。"

5.将"太不公平"之类的话改为"真令人遗憾"或"我倒真希望……"这样，你就不至于对这个世界产生不切实际的期望，并逐步接受你并不赞赏的现实。

6.不要再让别人左右你的情绪。这样，在别人未按你的意愿行事时，也就不会陷入愤懑中。

记住，由于苛求公正所造成的心理压力并不是因为他人、事件或环境造成的，而是由于自己的情绪反应所引起的。只有自己的力量才能克服它。

无论苦乐，在你绽放笑容的那一刻，生活的阳光就已经向你投射。

宽心术51：给自己积极的暗示，压力自己就跑远

"把今天视为生命的最后一天来生活！"这不是悲观消极的想法，而是要我们以更达观的态度面对世事，抛开人际的纠葛，积极地经营自己生命中的每一天。

伍登是美国有史以来最成功的篮球教练，同时他也是一位充分运用自我暗示的力量，让自己成为佼佼者。当伍登还是个小男孩的时候，他的父亲便时常对他说："让每一天都成为你的最佳杰作！"伍登时时刻刻都记着父亲留给他的这句话，不管刮风或下雨，这句话让伍登的每一天都充满了活力，而且没有一天例外。即使是生病了，在他的脸上仍然看不出一点病态，全身上下永远充满了活力的色彩！

伍登在加州大学洛杉矶分校担任篮球教练时，12年之内带领该校篮球队总共荣获了10次全国冠军。

当人们问他如何创造这样辉煌的战果时，伍登回答说："我和我的球员，每天都会经历一个自我暗示的过程，而且12年来从不间断。"

"什么叫自我暗示？"人们好奇地问。

伍登说："每天晚上睡觉之前，我都会对自己说'我今天表现得最好，明天也会如此，后天也是，永远都是！'"

人们惊讶地问："只是这样而已吗？"

伍登接着用斩钉截铁的口吻，对着他们说："让每一天成为你的最佳杰作，这就是最有效的成功方法。"

伍登运用自我暗示的方法，每天不断地激发自己的潜能，这也正是许多心理专家一再强调的"潜意识"。"每一天"都是伍登的最佳杰作，因为在每一天的开始，潜意识便会释放出"我今天一定会表现得非常好"的能量，让伍登能够乐观而自信地经营每一个"今天"。

乐观与积极是自我暗示最重要的导引，只要相信自己，就没有什么事是不可能的；只要相信自己，就能够充满勇气地把双脚跨出去，机会随时都将现身迎接。从今天开始，学习伍登在每天睡前的激励法，告诉自己："我今天表现得最好，明天也会如此，后天也是，永远都是！"只有乐观与积极的自我暗示引导自己，才能摆脱一切恐惧，才能战胜自己，走向成功。

如果我们曾细心观察过周围的成功人士就会发现，他们中大多数人都拥有乐观的秉性，而那些怨天尤人，吹毛求疵的人通常容易陷入平庸无为的沮丧境地。

这并非巧合，在乐观与成功之间，仿佛有自然而然的因果关系存在。

我们相信，乐观对我们事业的成功举足轻重，通常，有志于自主创业的人们在事业之初，往往面临否定、疑惑等消极信息，而唯有积极的态度，才能开启事业之门，并使之始终充满活力。乐观能促使我们排除疑惑，更加自信；乐观能使我们设定目标，全情投入；乐观能使我们坚持到底，收获丰盛。

诚然，这世界并不总是向我们展示它乐观的一面，也并不是所有人都在积极的环境中成长，我们可能不是天生乐观，但我们可以学习选择乐观。放弃生活中消极的一面，把握生活中积极的一面，当一切尘埃落定时，我们会发现，生活中阳光总是多风雨。不妨现在就行动，把乐观融入我们自己的人生哲学和生活方式中。

用乐观的态度对待人生，可看到"青草池边处处花""百鸟枝头唱春山"，用悲观的态度对待人生，举目只是"黄梅时节家家雨"，低眉即听"风过芭蕉雨滴残"。譬如打开窗户看夜空，有的人看到的是星光璀璨，夜空明媚；有的人看到的是黑暗一片。

一个心态正常的人可在茫茫的夜空中读出星光的灿烂，增强自己对生活的自信；一个心态不正常的人让黑暗埋葬了自己只会越葬越深。

从现在开始，请给自己积极的暗示，一切都会变成你想要的模样。

宽心术52：别让自己太紧张，运动休闲身心轻

当你感觉到有压力的时候，不妨用一些运动休闲的方法缓解压力、稳定情绪。医学实验发现，每天有固定运动的人心情较好，可减轻精神方面的病情。一方面是肌肉得到了放松，另一方面可以缓冲过多的脑力活动（尤其是烦恼、焦虑）。

从现代社会的压力来看，越早养成运动习惯越好。医生建议20岁开始就应每天固定运动。然而，不论是医生或年轻人，都不容易做到这一点。医生是知识有余而时间不足，年轻人则自以为"还年轻，目前不需要运动"。如果你总是找借口或缺乏恒心，就等于拖延了这快乐生存的必要条件。实际上，只要每天持续30分钟体能活动，就可以"强身"，更可以"强心"，绝对是"种豆得瓜"的事。

近几年的研究还表明，强度较大、持续时间较长的增氧健身活动对于心理健康尤其产生深远的影响。专家们发现，那种"自然的刺激物"——即那种使人"感觉良好"的化学物质是由于人的长期有规律、有节奏的活动和训练所启动、开发的。而一旦这种物质的大门被打开，它就很有可能会加强人们的良性情绪，改善、提高人们对于挫折的抵抗和忍耐能力。

下面我们列出一些增氧健身活动的项目，如果有兴趣，你可

以经常一试，因为它们也不难学，而且很容易实施，甚至可以无师自通，重要的是参与：长跑（包括慢跑、散步）；骑自行车；游泳；划船；打篮球；上健身课；等等。

你不要奇怪我们把打网球、打板球、排球和足球都排除在外，事实上，这些运动都需要消耗相当的精力，运动速度快，爆发力强，因而它们能使你的心脏跳动急速加快。这样，你的脉搏就不能保持增氧健身运动所需的那种较稳定的范围和状态。对于打排球、踢足球也是同样的道理。增氧健身活动的目的是将心跳频率调整到一个适当的范围，并能使它保持20～30分钟，不至于大起大落。

减轻压力的技巧：

1.疏导法

要学会通过适当渠道把胸中的不良情绪宣泄出来。当你为一件事所困扰时，不要闷在心中，而要把苦恼讲给信任的人听，这既可以使情绪得到缓和，又可以从对方那里得到忠告，从而更快地找到解决问题的方法。如果你觉得心烦气躁，有想哭的冲动，可以痛痛快快大哭一场，这也可以使痛苦、紧张的情绪得以发泄，不要为了所谓的尊严和体面而过分自我压抑。

2.认知疗法

认知疗法有这样三条原则：第一，你所有的心境都是由于你的思想或认识而产生；第二，当你感到心情郁闷时，是因你的头脑正被消极情绪所占领；第三，消极思想常常使你扭曲现实、扭曲自己，总是包含着严重失真。当你勇敢地面对真正的问题时，你就不会那么痛苦了。这三条原则其实是在告诉你，很多痛苦是人们的心理错觉造成的，因此人们要在造成心理压力的恶劣情绪之前就识别和制止它。

3.睡得足且好

睡眠质量的高低一直是身心健康的最佳指标，睡不好表示"放不下"，心中被许多"杂念"所烦扰。所以要想睡眠好，就要心情好。如何可以放下杂念而安然入睡？你可以试着早点睡而且像用餐一样"定时定量"，使"睡"及"醒"的时间固定化、规律化。睡前不吃东西以免胀气、夜尿，也可以听些轻音乐或做温和的体操。或得睡前"静坐"及"冥想"20~30分钟，这样放松、平静的效果会很好。

4.控制饮食及体重

有些人靠吃来缓解压力、稳定情绪，结果越吃越多，最后得了"暴食症"。饮食习惯与情绪有关，若不定时又不定量，一吃就过多或有吃夜宵的习惯，吃的口味偏好肉类、油炸、刺激性、含咖啡因的食物，心情皆会较为浮躁不安。

5.不过于忙碌

你应该明白，正因为太勤奋了，反而要学习放慢脚步，放松心情。不要以百米赛跑的速度生活，要改跑长途马拉松。忙碌导致茫然与盲目，要清醒地掌握人生，即须学习不再"瞎忙"，更不要怕"闲下来"。

宽心术53：听段舒缓的乐曲，用旋律洗涤心情

音乐是一种听觉艺术，是一种人类共有的语言。它来源于生活，为我们的情感服务。科学研究证明：听适合的音乐，可以优化人的性格，平稳人的情绪，提高人的修养品位，甚至有养生保健、延年益寿的神奇功效。

医学专家通过大量的研究证明，人类需要通过音乐来抒发自己的感情，并从中受益。音乐可以调节人体大脑皮层的生理机能。提高体内生物的活性，调节血液循环和活化神经细胞。另外，音乐会使人体的胃蠕动更有规律，能够促进机体新陈代谢，增强抗病能力。

在医学上有一个著名的"莫扎特效应"：当你听一曲莫扎特之后，你的大脑活力将会增强，思维更敏捷，运动更有效，它甚至可缓解癫痫病人等患神经障碍的病人的病情。六年前，研究者证明，在IQ测试中，听莫扎特的受试者得分比其他人更高。

1975年，美国音乐界的知名人士凯金太尔夫人因乳腺癌缠身，身体状况每况愈下，濒临死亡的边缘。这时候，金太尔夫人的父亲不顾年迈体弱，天天坚持用钢琴为爱女弹奏乐曲。或许是充满爱心的旋律感动了上苍，两年之后奇迹出现了，金太尔夫人战胜了乳腺癌。重新康复后，她热情似火地投身于音乐疗法的活

动，出任美国某癌症治疗中心音乐治疗队主任。金太尔夫人弹奏吉他，自谱、自奏、自唱，引吭高歌，帮助癌症病人振奋精神，与绝症进行顽强的拼搏。

德国科学家马泰松致力于音乐疗法几十年，在对爱好音乐的家庭进行调查后注意到，常常聆听舒缓音乐的家庭成员，大都举止文雅，性情温柔；与低沉古典音乐特别有缘的家庭成员，相互之间能够做到和睦谦让，彬彬有礼；对浪漫音乐特别钟情的家庭成员，性格表现为思想活跃，热情开朗。他由此得出结论说："旋律具有主要的意义，并且是音乐完美的最高峰。音乐之所以能给人以艺术的享受，并有益于健康，正是因为音乐有动人的旋律。"

音乐是起源于自然界中的声音，人与自然息息相关，所以音乐对人的精神、脏腑必然会产生相应的影响。音乐主要是通过乐曲本身的节奏、旋律，其次是速度、音量、音调等的不同而产生疗效的各异。在进行音乐治疗时，应根据病情诊断，在辩证配曲的原则下，选择适当的乐曲组成音疗处方。

烦恼时听听音乐，能重新燃起生活的热情，唤起人们对美好生活的回忆和憧憬，使人心理趋于平静，心绪得到改善，精神受到陶冶。圣人孔子就非常爱听音乐，他自称是"余音绕梁，三月不知肉味"。

既然音乐有这么多用处，不妨在工作之余，茶余饭后，戴上耳机，听一曲柔美舒缓的音乐，让身心在优美动听的节奏中彻底放松。

宽心术54：远离俗尘琐事，水墨丹青最怡情

生活中不如意者常十之八九，人生道路上碰上点挫折在所难免，忧郁、彷徨、烦恼、悲愤可能每个人都体验过。如果你喜欢，你可以寄情于水墨丹青，让这些充满灵性的艺术瑰宝去抚慰你那伤痛的心。

"琴书诗画，达士以之养性灵"，寄情于水墨丹青之中，沉浸于那洒满墨香的氛围之中，笔走神龙，气韵畅通，你的心胸会顿觉舒畅，感受艺术的同时也是更好地感受生命。

世界织布业的巨头之一威尔福莱特·康，尽管事业非常忙碌，在他为事业奋斗了大半辈子时，他总感觉到自己生活中缺了点什么东西似的，于是他选择了画画，每天从百忙中抽出一个小时来安心画画，不仅事业取得了辉煌的成就，而且他在画画上也得到了不菲的回报，多次成功举办个人画展。威尔福莱特·康在谈起自己的成功时说，"过去我很想画画，但从未学过油画，我曾不敢相信自己花了力气会有很大的收获。可我还是决定学油画，无论做多大的牺牲，每天一定要抽一小时来画画。"

威尔福莱特·康为了保证这一小时不受干扰，唯一的办法就是每天早晨五点前就起床，一直画到吃早饭，威尔福莱特·康后来回忆说，"其实那并不算苦，一旦我决定每天在这一小时里

学画，每天清晨这个时候，怎么也不想再睡了。"他把楼顶改为画室，几年来他从未放过早晨的这一小时，而时间给他的报酬也是惊人的。他的油画大量在画展上出现，他还举办了多次个人画展，其中有几百幅画以高价被买走了。他把这一小时作画所得的全部收入变为奖学金，专供给那些搞艺术的优秀学生，"捐赠这点钱算不了什么，这只是我的一半收获。从画画中我所获得启迪和愉悦才是我最大的收获！"

画画不仅可以愉悦人心，陶冶性情，还可以治病疗伤。

美国有一位画家做过这样一个实验：他特地为一位癌症患者画了一幅《天上飞来的希望》的画。每当患者凝视这幅画时，那只正在波涛汹涌的大海上展翅高飞的海鸥便会使他心中升起信心和希望。医生曾断言说他活不过两年，可自从他试着每天去欣赏这幅画后，他的病竟然慢慢好转，他已活了35年，至今还健在。

无独有偶，另一个以画治病的故事更有趣。据传南北朝时鄱阳郡王爷被齐明帝所杀后，其王妃悲痛欲绝，整日茶饭不思，终于一病不起。试过了各种妙方，尝遍了天下良药，仍不见好转，最后，其兄慕名请来一位画师为鄱阳郡王爷作了一幅画像。画师深知王妃之病为相思病，经过一番冥想之后，便作好一幅画密封后转交给王妃，并让人转告她说，有人曾偷画王爷像，要王妃派亲信以高价赎取。亲信取回后，王妃展开一看，当即勃然大怒，从病床上一跃而起，大起骂道："这个老色鬼，早该千刀万剐！"原来，画上画的是郡王爷生前和一宠妾在镜前调情的丑态。可说也奇怪，王妃的病从此日渐好转，最后竟然奇迹般康复。

作画可以让人沉浸其中，抛烦恼于脑后，观画可以让人宠辱皆忘，愉悦身心，获得一个美好心境。在现代快节奏的生活中，不妨在家中挂上几幅清丽典雅的字画，在闲暇之余细细品味，可让人赏心悦目，获得一份清净，于身心健康十分有利。

　　有人说："生活使我闷闷不乐，它让我度过平淡的人生。"其实不是这样，生活中的乐趣完全是由自己去打造的。喜欢水墨丹青的朋友们，不妨让自己静下来画一幅画吧！

宽心术55：在大自然中度个假，没有什么放不下

找回生命的本真，唯一的出路就是亲近自然。

即使白天赚到全世界，但在你心里，是否有个声音一直在呼唤：抛开无休止的工作，远离令人窒息的都市，让渴望自然的心静下来！小桥流水、一池荷塘、大片竹林、庭院花草……生活开始进入另一种淡泊的平静境界——当世界浮躁的时候，唯有心平气和者方能制胜！

人们为什么如此热爱旅游，尤其喜欢到名山大川，到大自然中去，道理其实很简单，那就是去寻找生命的真谛。

我们应该将亲近自然确定为精神追求中的重要的一部分，不妨每天出去散步，这样一方面可以呼吸新鲜空气，锻炼身体；另一方面可以让你的内心感受阳光、蓝天、大地、世间万物的美丽。

在这个世界上我们常常聆听。譬如在大自然中我们寻觅那"明月松间照，清泉石上流"的韵致，寻觅那"蝉噪林愈静，鸟鸣山更幽"的空灵，寻觅那"红树醉秋色，碧溪弹夜弦"的意境。聆听轻风喁喁低语，聆听松涛娓娓吟唱，聆听蛐蛐细细鸣叫，聆听山林中鸟儿欢啼。亲近自然会使你胸中的块垒随溪水逝去，工作的疲惫被溪水洗去，心灵的尘垢随溪水流去，身心如

沐，愉悦清朗，潇洒通透。

当你面临高山、对视大河，面对大自然的美景时，才会顿悟，返璞归真才是自己真正的追求目标，生命中许多追求并非真的有必要，也不是自己真正想要的东西。

大自然是一本无字的书，深入到自然中，游山玩水，看幽谷清泉、奇石怪草，或醉卧草地，或赋诗山间，其中有不尽的乐趣，能让人忘记生活中的种种争斗与心机。在忙碌的生活中，适时在游山玩水中放逐自己，给心灵一个反思、放松的机会，该是多么美好啊！

生活中不顺之事十之八九，此时不妨去登山，或是河边坐一坐。置身大山中，走在绿树成荫的山间小路上，望着那大自然造就的奇石怪状，听着叮咚的泉水声，以及那清脆的鸟鸣声，让人感到如同置身世外桃源，心中的种种不快，也随着那缭绕的云雾慢慢散去。迈步海滨，一望无垠的大海，波涛汹涌海面，让人顿生几分豪气。通过旅游，既可以领略祖国的秀美山川，又可以遍访历史的足迹，缅怀古人，从而既放松了心情，又让自己的心灵受到洗礼。

大自然的魅力在于它巨大的生命力。越是原始的地方，我们越是感觉到生命力的强大。大自然的神奇，可以让人真切体会到生命的渺小和珍贵；大自然的美丽，可以让人体会到人生的美好。所以，生活中当你感到烦闷时，不妨背起行囊，一个人独自去游山玩水，到大自然中放逐自己。

经过长时间的紧张工作，我们在旅游中变换兴奋点，放松，释放疲劳，从而，能够以旺盛的精力重新投入工作。给自己一段假期，放松自己于山水中。让山水的灵性，涤尽自己工作上、情绪上、思想上的烦累！

置身大自然，迈步山水间，任我心自由自在地驰骋，让人在物我两忘的意境中，将天地万物置于空灵之中。这是何等的快意、何等无拘无束的心境啊！罗素曾经说过："我们的生命是大地生命的一部分，就像所有动植物一样，我们也从大地上吸取营养。"当你走进大自然，投入它那宽广的胸怀时，大自然的一草一木似乎都有灵性，都会抚慰你受伤的心灵。望着山中那历经沧桑的松柏，以及那经历了千百年风吹雨打的岩石，你会重新豪情万丈，平添了许多与困难做斗争的勇气。

快乐的生活需要用心去发现，到游山玩水中放逐自己吧，放逐那束缚已久的心灵，让大自然洗涤心中的不快。换一种环境，大自然奉献给你的将是一片灿烂和希望。

宽心术56：一盏香茶在手，远离世间烦忧

中国人喜欢喝茶，茶是中国的第一饮料。在明朝郑和下西洋时就把茶叶当作礼物送给途经各国。茶叶与咖啡，是世界两大饮料。咖啡，初时尚甜，一会儿变淡、涩，甚而苦，而且还须有牛奶与糖做伴。茶则相反，无须陪衬，先涩，继而甘、醇。东西方文化之异同，也在此吧？

年轻人喜欢喝茶，因为茶比任何饮料都解渴。烈日当头，口渴难耐时，端起一碗凉茶，一饮而尽，是何等的惬意，何等的痛快！老年人喜欢喝茶，因为他们能从中品出人生的滋味，茶能让他们回忆起往昔的酸甜苦辣。

茶如人生，闻之香味扑鼻，入口则是苦的，但仔细品味，却又有一股香甜之气从口至舌，至喉，至嗓，久久萦绕。

茶有红茶、绿茶、花茶之分。绿茶消热解暑，适宜夏季饮用；红茶清香浓郁，养气清肺，适宜冬季饮用；花茶爽心，适宜于春秋天饮用。此外，中国名茶如云，知名的有西湖龙井、信阳毛尖、碧螺春等等。

巴利说："人生像一杯茶，若一饮而尽，会提早见到杯底。"所以喝茶重在品，如能品出茶的种类便高出一般，如能品出茶的出处更是不凡，最是不凡者能从茶的轻淡厚重中品出茶出

自何人之手，是年轻的小姑娘，还是年过半百的长者。饮茶重在那份情趣。泡一壶淡茶，静坐看山，或独步寻芳，慢慢揭开悠长的寂静。喝着茶，对着山，对着树，对着雾，春去也，秋去也，冬去也，连太阳的血色也褪尽了，品着苦涩后的香醇，蓦然抬头，似乎从中体味出了人生的真正内涵。

喝茶又不能太过于讲究。日本人喝茶讲究茶道，据说完整的茶会有三段十八步，什么"沐淋瓯杯"，什么"茶海慈航"，什么"杯里观色"等等，不一而足。中国人喝茶不太讲究，紫砂壶也可，瓷壶也行，玻璃杯可以，大粗碗照样，实在没有碗，嘴对嘴也行。中国才是真正懂得茶的国家，喝茶不能为茶所困，太过讲究，否则，反而被束缚。

一部《茶经》，洋洋洒洒：什么茶用什么水，什么水用什么壶，什么壶用什么火……详细得连日本人也叫绝，但只有饱食终日的士大夫之流，才能斯斯文文参照实施，一般平民百姓，谁会去讲"扬子江中水，云峰顶上茶"？当然，中国人喝茶并非全不讲究情调。如果你想要一种情调，那便去北京的老舍茶馆。老舍茶馆的气氛，是仿古多于现实，盲人说书外，还兼京剧坐唱，不但卖茶，还出售"茶文化系列"物品。那门楼、桌椅、杯壶，无不力求古色古香。

茶是一缕清风，令人安静悠闲；茶是一种情调，一种欲语还休的沉默，一种欲笑还颦的忧伤；茶是一眼清泉，能洗去生活中的烦恼与悲苦。喝茶，喝的是一种心境，感觉身心被净化，喝下去的是清苦，沉淀下的是深思；喝茶，重在品味，但又不要太过拘泥，人人心中有菩提，只要能够喝出"采菊东篱下，悠然见南山"，便是得到了茶的真味。

　　不同的茶有不同的味道，但是都会有一种苦味在其中。再茗一口，含在齿端，感受起润滑。当你如此慢慢地品下去，你会感觉到茶苦中带甜。这就是对人生的感悟！

宽心术57：种下"烦恼树"，人生快乐无烦恼

当今社会，生活节奏紧张，生活中的变化总是不可避免地给人们带来种种烦恼。烦恼如果得不到及时排解，淤积于心，往往会影响健康。长期下去，可能引起胃溃疡、高血压、偏头痛和神经衰弱等疾病，甚至会成为癌症的"催化剂"。最致命的是，烦恼也传染。如果把烦恼带回家，家人的心情也会被搞坏，使整个气氛一下子紧张起来。

一个农场主，雇了一个水管工来安装农舍的水管。水管工的运气很糟，头一天，先是因为车子的轮胎爆裂，耽误了一个小时，再就是电钻坏了。最后呢，开来的那辆载重一吨的老爷车趴了窝。他收工后，农场主开车把他送回家去。到了家前，水管工邀请农场主进去坐坐。在门口，满脸晦气的水管工没有马上进去，沉默了一阵子，再伸出双手，抚摸门旁一棵小树的枝丫。

待到门打开，水管工笑逐颜开，和两个孩子紧紧拥抱，再给迎上来的妻子一个响亮的吻。在家里，水管工喜气洋洋地招待这位新朋友。农场主离开时，水管工陪向车子走去。农场主按捺不住好奇心，问："刚才你在门口的动作，有什么用意吗？"水管工爽快地回答："有，这是我的'烦恼树'。我到外头工作，磕磕碰碰，总是有的。可是烦恼不能带进门，这里头有太太和孩子

嘛。我就把它们挂在树上，让老天爷管着，明天出门再拿走。奇怪的是，第二天我到树前去，'烦恼'大半都不见了。"

多么神奇，烦恼也可以挂到树上！相信这个水管工的做法会给我们很大的训示。

栽上一棵"烦恼树"，当我们苦恼的时候，可以向它倾诉；当我们愤怒的时候，可以向它发泄。"烦恼树"是枕边一双倾听的耳朵，可以听到我们的苦诉；"烦恼树"是亲昵的拥抱，可以抚慰受伤的心灵；"烦恼树"又是温暖的微笑……

栽上一棵烦恼树吧，朋友！它不一定在家门前，可以是无形的，栽在心田一角；可以是有形的，像水管工的"烦恼树"一样，可以是向朋友电话里的倾诉，可以是日记本里的宣泄。

美国前总统林肯"永不寄出的信件"，被公认为是消除怒气和烦恼的良方。一次，林肯的一位朋友愤愤不平地向林肯诉说了另一位朋友的无理。林肯听后不平地说："你马上写信去痛骂他，往后不要与他来往。"信写好后，却被林肯拿过来撕了。林肯笑着说："我写过不少这样的信，但从来没有也永远不会寄出去，我们可以尽情地倾诉心中的不快，但没有理由去伤害他人。"这位朋友通过写信，烦恼与怒气已消除了大半，听了林肯的话更是感叹不已。

烦恼人人都有，伟人也不例外。林肯把烦恼通过写信而发泄出来，既获得了心理平衡又不会伤害别人，真是一举两得。最终林肯成为美国历史上最伟大的总统之一。

烦恼是心灵的垃圾，是成功的绊脚石，是快乐生活的病毒。为了美好的明天，为了还心灵一片晴朗的天空，请为自己栽上一棵烦恼树。

宽心术58：品味生活，将休闲时光过得潇洒

　　生活在都市里的人们，来自各方面的压力越来越大，相应的假期也越来越长，要学会利用长假去放松自己，去消除一身的疲劳，恢复体力和精神，以应对上班以后新一轮的工作压力。

　　心理学家说，摆脱眼前的一切，挣脱例行公事的羁绊，能使你远离旧有的困境，带给你新的希望，让你的心理产生正面的前瞻，甚至让熄灭的热情重新点燃，也会让你对自己的认识更深一层。于是，等你返家的时候，你会变得更快乐一些，更健康一些，应付压力时也更有效率一些。

　　美国心理学家希柯斯博士说："你去度假的时候，就逃离了日常生活的单调性，把烦恼抛在脑后。即使你所做的，只是坐在河边，看着溪水流动而已，但这却是一种极为可贵的步调变化，能让你重新充电。于是，等你回去的时候便会觉得精神更为饱满，有活力。"

　　有的人认为，休闲不就是去玩吗？那没有什么可学的。其实不然，曹雪芹曾经说过："世事洞明皆学问。"休闲也有学问，要想玩出个花样来，玩出个痛快来，就得去学。

　　先说休闲方式吧，现在的休闲方式五花八门，你应该耐心思考一下，自己适合哪一种，如果你是个急性子，偏去钓鱼，那岂

不是自找没趣？在都市人的休闲活动中，有以下几项休闲活动最受到青睐。

钓鱼是一项培养个人耐性的休闲活动。普通的装备很简单，一根钓竿、一些鱼饵和一个水桶就可以出发了。但真要是老钓客对装备要求就高了。

学画自古就是修身养性的绝佳方式，是一种既高雅又怡情养性的活动。

当今工作学习生活节奏紧张的条件下，抽出一点时间来学画也是一种很好的休闲活动，对心灵无疑是一种清涤。

跳舞可以陶冶性情、愉悦身心，而且也比较容易学习，适合中老年人。跳舞除了可以增强心肺功能外，还有助于健美减肥。

登山对于年轻人来讲，无疑是既理想又时尚的运动，既放松压力，又可以锻炼一个人的意志和体魄。当然，现在的老年人体格越来越棒，也有许多登山爱好者。登山时，不仅山光水色令人大饱眼福，而且清新的空气可以涤荡都市浊气，实在是妙不可言。

网球运动是深受人们喜爱而极富乐趣的一项体育活动。它既是一种消遣、一种增进健康的方式，也是一种艺术追求和享受，当然它还是一种扣人心弦的竞赛项目。打网球，文明，高雅，动作优美，每打出一次好球，都会使人感觉兴奋异常，愉快无比。

打高尔夫球也逐渐受到都市人的青睐，但由于消费过于高昂，一般的人是玩不起的，被人们称为贵族运动。

到农村去度假也很受欢迎。这项活动不仅轻松愉悦，而且经济便宜，一般人都能承受得起，在空气污染严重、生活节奏紧张的都市待久了，不妨到乡村去体验一下。

　　会休闲的人其实往往都是很出色的人，不仅仅是工作上，更重要的是他们的生活愉快度和幸福感会更出色，因此，心累了，我们为什么不学会休闲呢？

第七章
别跟自己过不去
——用潜意识给自我最好的指引

　　别跟自己过不去，是一种精神的解脱，它会促使你从容去走自己选择的路、做自己喜欢的事。我们应时常反省自己，让内心保存一份淡然，一份平静。潜意识是人们已经发生但并未达到意识状态的心理活动过程，潜意识具有无穷的力量。只要我们相信它，并用它给自己最好的指引，我们就不会再有埋怨和怨恨的情绪，就不会跟自己过不去。

宽心术59：利用好潜意识，你就拥有无穷力量

人的意识分为意识、潜意识和超意识。什么是意识呢？意识其实就是一种综合控制智能程序，每个生命自身都有一个总程序，这个总程序控制着生命的生老病死以及遗传复制等机能。当这个生命总程序与人化意识程序结合，就会产生一般意识程序；当生命总程序与思维程序相结合，就会产生综合控制智能程序。

可以这样说，潜意识是生命自身总程序的一种反映，意识是人化意识程序的反映，超意识是自动编程程序的反映。意识、潜意识和超意识能较好地解释思维与意识的关系。

举个最简单的例子，有时候你刚想到一个朋友，这个朋友就打电话给你。再比如，有时你会想我可千万不要把雨伞弄丢了，结果却真的把雨伞弄丢了。为什么会这样呢？这是因为每一个人的潜意识都是联结在一起的。你关注什么就会吸引什么，潜意识不会区分是好的还是坏的，就如你不想丢东西，关键是"丢"对你造成一种潜意识，当你潜意识反映出不能丢的思维时，"丢"的结果恰好就出现了。

所以，可以这样说，每个人都是独立的个体，但是每个人又都有关联。关联的地方每个人是相通的，相通的潜意识叫作超意识或无穷的智慧。

比如，你是一名销售经理，你要在2017年实现市场占有率15%的目标，所以你要写下15%，每天看它想它，当你在想的时候，你就在利用宇宙的超意识在帮助你，因为你的意识输入潜意识，被送给了超意识，然后它开始运作，你会朝着这个目标不断努力，就会吸引你想要的15%。

我们所设的目标没有一个是不能实现的，我们潜意识的目标也没有不实现的，我们现在设立目标，开始真正认真想象并付诸行动，每一个都将成为具体的事实。不管你的目标有多大、有多远，都可以事先通过想象来逐渐达成。伟大的科学家爱因斯坦曾说：想象力比知识还要重要。很多人都以为想象只是天方夜谭，实则不然。所有的成功者都知道，想象是很有效的方法。想象成功的速度，甚至比任何方法都至少快100倍。也就是说，潜能激发最重要的方法是靠想象。

在现实生活中要想实现的东西，都是在你的思考想象当中先实现了一次，先想过一次甚至上百上千次，然后在真实的社会当中才会出现。有的人整天快乐无忧，走到哪都是一副开心的笑脸，有的人则满面忧愁，似乎总有难解的心结。究其原因，就是二者内心关注和想象的不同。忧愁的人想象的都是令其烦恼的事，越想越烦恼，越想越纠结，越想越快乐不起来。

现代人面对着各种压力，如果在潜意识不能给自己以很好的导引，势必会引发不同程度的心理病症。当你郁闷压抑时，不妨好好运用潜意识的力量，给自己排压解难。

具体做法可以是：每天至少花20分钟，分别在早上起床前的10分钟、晚上睡觉前的10分钟做想象。因为这两个时段是输入潜意识最好的时段。你若选择在其他时间段想象也可以，但通常早上的时间最有效。因为这个时间段会加快成功的速度，可能会有你意想不到的顾客给你打电话，都不用你去开发他就主动来找你。

不是每一个相信成功的人都会成功，但是最相信成功的人通常都能成功。一个人是否有信心，只要往那一站，完全能被别人感觉出来。同理，一个人是否真正快乐，从他的面相也能看出一二，即便他伪装得再好、再开心。

每个人都应该给自己灌输这样的潜意识：我的信心来自于我的实力，我有这个实力，我相信自己有。所以，一个人要想成功，在成功之前一定要有成功的样子。然而，这个成功的样子就需要用信心透过想象来建立。

此外，我们还可以进行自我暗示，不断地告诉自己：我是最优秀的，我是最棒的、我是最努力的，我是最好的，我一定会成功！我的财富一定会让所有人都羡慕。成功一定会属于我！我很健康，我每天感觉很好，我是快乐的人，所有好的事情都会发生在我的身上。

假若能一直这样进行自我暗示，效果就如自我催眠一样。总之，只要能充分发挥潜意识的神奇力量，你就会拥有无穷的力量。你就会成为快乐无忧的成功者，你也会是人生的赢家。

宽心术60：和自己的心灵对话，把烦忧抛掉

有人问古希腊大学问家安提司泰尼："你从哲学中获得了什么呢？"他回答说："同自己谈话的能力。"

同自己谈话，就是发现自己，发现另一个更加真实的自己。有人慨叹：山中石多真玉少，世上人稠知音稀。总觉得偌大的世界，可以说话的人却寥寥无几。事实上，除了自己之外，又能有谁真正地了解你自己？当你苦于无人可诉的时候，不妨跟自己来一场促膝之谈。你会发现，自己原来真正想要的是什么。你完全不必去求别人理解或宽慰，自己才能给自己最正确的灵魂导引。

法国大文豪雨果曾经说过："人生是由一连串无聊的符号组成。"的确，我们生活中的大多数时光都在很普通的日子里度过，有时，看似很正常的生活，感受上却似走进生活的误区：有点儿浑噩，有点儿疲惫，有点儿茫然，有点儿怨恨，有点儿期盼，有点儿幻想。总之，就是被一些莫名其妙的情绪、感受占据了内心的思想、生活，而懒得去理清。

于是，我们总是在冥冥之中希望有一个天底下最了解自己的人，能够在大千世界中坐下来静静倾听自己心灵的诉说，能够在熙来攘往的人群中为我们开辟一方心灵的净土。可芸芸众生，"万般心事付瑶琴，弦断有谁听？"

其实，我们自己，不就是自己最好的知音吗？世界上还有谁能比自己最了解自己的呢？还有谁能比自己更能替自己保守秘密的呢？朋友，当你烦躁、无聊的时候，不妨和自己对对话，让心灵退入自己的灵魂中，使自己与自己亲密接触，静下心来聆听来自自己心灵的声音，问问自己：我为何烦恼？为何不快？满意这样的生活吗？我的待人处世错在哪里？我是不是还要追求工作上的成就？我要的是自己现在这个样子吗？生命如果这样走完，我会不会有遗憾？我让生活压垮或埋没了没有？人生至此，我得到了什么、失去了什么？我还想追求什么？……

就这样，在自己的天地里，我们可以慢慢修复自己受伤的尊严，可以毫无顾忌地"得意"，可以一丝不挂地剖析自己。我们还可以说服自己、感动自己、征服自己。有位作家说的一段话很有道理："自己把自己说服，是一种理智的胜利；自己被自己感动了，是一种心灵的升华；自己把自己征服了，是一种人生的成熟。"把自己说服了、感动了、征服了，人生还有什么样的挫折、痛苦、不幸我们不能征服呢？

开阔而清静的心灵空间是美好生活的一部分。

相信我们每个人心中都有一个心灵的避风港。当我们在人生的旅途中走得累了、烦了的时候，不妨走进自己营造的心灵的小屋，安静下来，把琐碎的事情、生活的烦忧暂时抛到九霄云外，静静地、静静地，倾听自己心灵的声音！

没有人能够一直很快乐，也没有人能够一直不生气。因为谁都会面临不同的压力，谁都会有情绪不稳定的时候，甚至于也有来自命运的突如其来的打击……往往有很多人遇到这些事情后，会找到最初的原因就是：自己起初不好的一个想法。

因此，不妨和自己的心灵来一场推心置腹的对话。当你彻底地了解了自己的心，很多问题都能从自身找到答案。从自身找原因，知道了原因在自身，还有什么烦恼呢？

宽心术61：解开心灵的枷锁，你就轻松了

有个长发公主叫雷凡莎，她头上长着很长很美的金发。雷凡莎自幼被囚禁在古堡的塔里，和她住在一起的老巫天天念叨雷凡莎长得很丑。

一天，一位年轻英俊的王子从塔下经过，被雷凡莎的美貌惊呆了，从这以后，他天天都要到这里来，一饱眼福。雷凡莎从王子的眼睛里认清了自己的美丽，同时也从王子的眼睛进而发现了自己的自由和未来。有一天，她终于放下头上长长的金发，让王子攀着长发爬上塔顶，把她从塔里解救出来。

囚禁雷凡莎的不是别人，正是她自己，那个老巫婆是雷凡莎心里迷失自我的魔鬼，她听信了魔鬼的话，以为自己长得很丑，不愿见人，就把自己囚禁在塔里。

其实，人在很多时候不就像这个长发公主吗？人心很容易被种种烦恼和物欲所捆绑。那都是自己把自己关进去的，就像长发公主，把老巫婆的话信以为真，自己认为自己长得很丑，因此把自己囚禁起来。

就是因为自己心中的枷锁，我们凡事都要考虑别人怎么想，把别人的想法深深套在自己的心头，从而束缚了自己的手脚，使自己停滞不前。就是因为自己心中的枷锁。我们独特的创意被自

己抹杀，认为自己无法成功；告诉自己，难以成为配偶心目中理想的另一半，无法成为孩子心目中理想的父母、父母心目中理想的孩子。然后，开始向环境低头，甚至于开始认命、怨天尤人。

仔细想想，很多时候，在人生的海洋中，我们就犹如一只游动的鱼，本来可以自由自在地游动，寻找食物，欣赏海底世界的景致，享受生命的丰富情趣。但突然有一天，我们遇到了珊瑚礁，然后自己就不愿再动弹了，并且呐喊着说自己陷入绝境。这，想想不可笑吗？自己给自己营造了心灵的监狱，然后钻进去，坐以待毙。

人的一生的确充满许多坎坷，许多愧疚，许多迷惘，许多无奈，稍不留神，我们就会被自己营造的心灵的监狱所监禁。而心狱，是残害我们心灵的极大杀手，它在使心灵调零的同时又严重地威胁着我们的健康。

巴特先生面临了工作上的瓶颈，他很想突破，但却觉得似乎总是有心无力。于是，他决定找生涯辅导专家为他进行谘商。

他来到了生涯发展中心。辅导老师为他分析了现状及瓶颈产生的原因，也和他共同拟订未来的行动方案，协助他改变目前的困境。

然而，经过了几次的协谈，巴特先生仍然在原地踏步，不论是分析现况或规划未来，在谘商的过程中，巴特先生最常说的一句话就是："我知道……但是……"

我知道我应该要努力走出一条属于自己的路，但是我担心自己的能力不够！

我知道自己最想做的是和艺术有关的工作，但是家人期望我当工程师。

我知道应该要多运动，但是工作实在太忙了，忙得没有时间。

我知道我要改一改自己的脾气，但是个性本来就不容易改变。

虽然是一句话看起来稀松平常，也常被挂在嘴边的话，然而，当我们也成为"巴特族"的一员（因为动不动就"but"），经常讲出这样的话时，就代表我们的思考模式已经习惯地朝向限制性的想法。

限制性的想法像一个无形的牢笼，使人动弹不得，就像一则禅宗公案：一位弟子来到禅师面前，请求师父教他解脱之道，师父问："是谁绑了你？"

弟子纳闷地看了看自己身上，困惑地说："没有人绑我啊！"

禅师笑答："既然没有人绑你，为何要求解脱呢？"

在日常生活中，我们经常不自觉地被一些习惯性的想法所限制，例如：

从来没有人这样做过，还是不要冒险吧！

以目前的状况，绝对不可能完成。

这样做别人会怎么想？

这怎么可能做得到呢？别傻了！

我看不出有什么可能性，不可能会成功的。

我的学历（财力、人力……）不足，还是别妄想了。

心灵的力量是很强大的，尤其是限制性或负面思考，形成了我们的内心对话，而这恰恰阻碍了我们迈向成长与成功的可能性。

　　不妨，将心灵的枷锁解开，让所有的负担烟消云散。世事无常，为之坦然，处之淡然。生活其实很简单。

宽心术62：用自己的心，去引领快乐的感觉

快乐是一个心路历程，是一种心领神会的感觉。人不是缺少快乐，而是快乐就在我们身边而未被发觉。我们一心想着去追寻那海天之间的水晶，却将快乐的宝石遗落在路上。

"假如你一个朋友也没有，你还会高兴么？"有人问乐观者。

"当然，我会高兴地想，幸亏我没有的是朋友，而不是我自己。"乐观者回答。

"假如你正行走间，突然掉进一个泥坑，出来后你成了一个脏兮兮的泥人，你还会快乐吗？"这人又问。

"当然，我会高兴地想，幸亏掉进的是一个泥坑，而不是无底洞。"乐观者回答。

"假如你被人莫名其妙地打了一顿，你还会高兴么？"

"当然，我会高兴地想，幸亏我只是被打了一顿，而没有被他们杀害。"乐观者回答。

"假如你正在打瞌睡时，忽然来了一个人，在你面前用极难听的嗓门唱歌，你还会高兴么？"这人再问。

"当然，我会高兴地想，幸亏在这里号叫着的，是一个人，而不是一匹狼。"乐观者回答。"假如你马上就要失去生命，你

还会高兴么？"这人最后问。

"当然，我会高兴地想，我终于高高兴兴地走完了人生之路，请让我随着死神，高高兴兴地去参加另一个宴会吧。"乐观者还是乐观地回答。

乐观地看待一切，快乐就会不请自来。如果我们在任何时刻都能看到事物积极的一面，哪里还会有烦恼呢？

你能找个理由难过，也一定能找个理由快乐。懂得放下的人可以找到轻松；懂得遗忘的人可以找到自由；懂得关怀的人可以找到朋友。

放松是在完成一件有价值、有意义的工作后，把自己的身心放松下来暂不工作时所体会到的快乐。因为在那一刻，你不仅把工作本身的压力移开，而且还能从欣赏已完成的工作中获得喜悦，这种放松是完整的放松，是最珍贵的快乐。如果你要享受生活的快乐，不可不勤奋工作，瑞士哲学家爱弥尔说："工作使你的生活更有味。"这并不只是哲学上的价值观念，也是心理学上可以证验的命题。

放松是忙碌的社会所必需的一种休闲艺术。放松是把工作放下来，让自己生活的节拍慢下来，无论你是散步、旅行、运动，你一定要放下一切，不要再去工作或惦记俗务，甚至把时间观念也一起放下，让自己专心陶醉于那悠闲的情趣之中，这样才能获得轻松与喜悦，才能使自己充分地从另一种生活中苏醒过来。这种苏醒作用，不但使你快乐无穷，同时还能恢复你的活力。

当然，放松并不是只有专程放下工作去度假才能获得，而是在日常生活与工作中就要保持轻松。

以下几种方法可以让你获得身心的快乐：

身体疲倦时运动脑筋，用脑疲倦时运动身体，互相调节适应。

慢慢来，急性子往往和紧张结下不解之缘，它不但无益于工作，而且有损健康。急性子容易暴躁，造成不愉快的情绪，产生不快乐的心境。

平常说话和走路保持轻松状态，如嗓门低一点，走路步伐小一点。

学习静坐，专注地观看眼前的静物，远方的花树山色，天空的白云、彩霞，它使你浑然忘记烦恼，得到清静和喜悦。

把工作分成几个阶段，中间稍作休息，伸伸懒腰，起来走动走动，这样就容易维护快乐的心情，提高你的工作效率。

用自己的心热情地拥抱朝阳，你的内心就会撒满阳光。

宽心术63：利用音乐冥想法，主动创造快乐

常听人说，"心想事成""万事如意"。实际情况却常常相反：心想难以事成，不如意事常有八九，因而，人们才变得焦虑、情绪难定。

喜怒哀乐是人之常情，但是如果不加以调节，让不良情绪长期左右自己，就会有损于健康，甚至使人失去生活的信心。

现代心理医学研究表明，人的心理活动和人体的生理功能之间存在着内在联系。良好的情绪状态可以使生理处于最佳状态；反之，则会降低或破坏某种功能，引发各种疾病。俗话说："吃饭欢乐，胜似吃药。"说的就是良好的情绪能促进食欲，有利于消化。心不爽，则气不顺；气不顺，则病易生。难怪有的生理学家把情绪称为"生命的指挥棒""健康的寒暑表"。

医学专家认为，良好的情绪本身就是良医，人体85%的疾病都可以自我控制。只要心情愉快，神经松弛，余下的15%也不用全靠医生，病人的情绪和精神状态是个不可忽视的重要因素。故而，每个人都应做自己情绪的主人，培养愉快的心情，调节好情绪，提高适应环境的能力，保持乐观向上的精神状态。

当你出现焦虑、忧郁、紧张等不良心理情绪时，不妨试着做一次"心理按摩"——音乐冥想法。试想着自己正在"维也纳森

林"里徜徉，正坐着"邮递马车"……

提起冥想，可能在你的脑海中会浮现一位僧侣正在打坐的情景，你可能会觉得这种做法是那么深不可测或者认为其是消极避世的行为。其实，之所以有这样的认识，是因其对潜意识的事物并不了解所致。

冥想对我们调节情绪有诸多的好处，比如可改变我们一贯的理性意识，进入另一层的意识形态中。音乐冥想是利用音乐治疗身心疾病的一种方法，音乐冥想法在日本很流行，是指按照音乐的功能，选择不同的乐曲，一边聆听一边冥想。

音乐冥想法的具体步骤：

1.先决定准备冥想的时间。可以精心选择一段特定的音乐帮助决定冥想的时间长度。

2.为了很快进入冥想状态，先专注于某样具体事物，比如自己的呼吸状态。注意呼吸自然律动的细微变化，仔细地掌控自己的呼吸，在一吸一呼之间可以下意识地数数数字。

3.选择令自己最舒服的姿势，逐渐进入音乐冥想状态。你可以在聆听音乐时给自己规定一个姿势。也可以采取能令你放松的任意姿势。

如果你能习惯用音乐冥想的方式放松自己，就可以充分地舒缓身心、强健身体，更可以洗涤心灵，让浮躁的心灵得到宁静。

宽心术64：利用激励冥想法，放松你的心灵

据科学研究，冥想能够使人的大脑细胞充满活力，是一种身体的放松和敏锐的警觉性相结合的状态。冥想其实不难，只要你曾经托腮静静想过什么，甚至只要你专注过一片天空，你也就会体验过冥想。

如果你心情不好，或者遭遇背叛，你可以发泄，但是如果你不能够舒缓的时候，不妨静下心来做一个激励冥想法。

选好地点，冥想前可以喝点茶，也可以在屋内点一枝香。冥想时的着装也有讲究，最好穿着松软的衫裤，以便让你充满活力，加强专注力。

冥想的细节操作：

找一个不容易被打扰的地方。利用空闲时间。休息前，或者没人打扰的时候，让身体处在放松的状态下。

坐直，不要躺下，不然容易睡着。挺直脊背，可以想象自己的头被一根绑在天花板上的绳子吊着。一般没有条件不用盘腿，坐在椅子上也可以。如果盘腿的话，找一个圆形软垫。

如此静坐10来分钟后，身体便不会再有紧绷的感觉。一段时间后，便会明显感觉到思维会更清晰，分析能力提高。

初学者可以用5～10分钟，如果有条件，再慢慢延长。可以

一月为期，制订相应的计划。如果有时候你为自己的处境焦头烂额力不从心的时候，不妨停下来运用冥想的方法，让自己的内心变得强大起来，从而轻松应付一切困难。

深呼吸一下，把注意力集中在自己的身上。设定经过你意识的空间，最好选择比较静谧的空间进行冥想，比如某个高山之上，或者松树林之中。当然，也可以是街头散步，总之你要带着欢快的心态。进入忘我的境界。

呼吸尽量绵长，体会每次呼吸所带来的强大感觉，感受你的肌肉，体验那种处在冥想中的自己的身体，感觉身心的自由。

回想那些让你感受到自豪的事情，比如领奖的时刻。感觉自己变强大的状态，让你的呼吸给身体带来力量，四肢都充满能量，伴随着你的心跳，感觉一切都在你的掌握之中。

继续这种感受，同时回想你获得别人的认可的感觉，以及被信任、欣赏、称赞的时候。让自己放空，完全沉浸在这种冥想中。

继续冥想，自己战胜困难，解出某道题，克服了某个困难，冥想那种感觉，然后感觉自己变强大的感觉。

沉浸在自己强大的感觉中，试着让这种感觉落实，就是觉得现实中你也很强大了。比如，你要完成一个项目，即使有小人使坏，你也无所谓，能处理得当，或者是为了到达某个目的，有很多阻难，你也一定能够克服。试着保持5~10分钟这样的强大感觉，这样的强大不是让你去与人争斗，而是让你的内心世界变得充盈，把麻烦和困难看成过眼烟云。这能够让你在现实中更加自信、坚强，从而真正变得强大。

尽量让自己不要那么激动，然后可以想象，现在你遭遇到的事情其实并不是你人生最糟糕的时候。再退一步想，就算你现在经济和精神上都已经有了损失，你自己还不冷静面对，给自己压力，岂不是让受到损失的自己更加雪上加霜吗？

接着，你可以想象如果你处在对方的立场，会怎么做？或许理顺思路后，你就会豁然开朗，马上释怀。然后你接着想想，如果是自己的错，那么懊悔是无用的，只能是想积极的方法去弥补，别太在意其他人的诘难，抛开别人的看法，只管做好自己的事情。这才是解决之道。

这时，你需要改变自己的心态，让自己觉得其他一切都是美好的，一切都是最好的安排，你要感谢你所遇见的一切。

你可以这样激励自己：这样做是有道理的，大家都是喜欢我的，一定能完成的。

你可以每天都锻炼一下这种想法，进入冥想阶段以后，就用感恩、喜乐的心反观自己。这样你便会爱上你自己，一切都会因为爱自己变得好起来的。因为你爱自己，所以伤心的事情，反而只是成长插曲，是你成功的经验值。你会觉得这个世界也充满了关爱、友善，前途一片光明，自己所作所为都能够获得其他人的支持和认同，你的世界永远充满幸福和安宁。你会忘掉所有伤心的事情，并用自己的爱去爱每一个人。

当然，有时候伤心不可避免，你不妨给自己一个准许伤心的时间，比如一小时，或者只是一分钟。然后用冥想的方式告诉自己，这一小段时间过后，你就不会再有伤心事。坚持一段时间后，你就会越来越乐观，就会对生活和未来充满憧憬和希望。

宽心术65：内心充满阳光，快乐只在一念间

生活中人们的追求尽管千差万别，然而本质都是对快乐的追求，只不过是对快乐的理解不同。有的人认为有钱就是快乐，他们追求金钱，有的人认为有权就是快乐，他们便追求权力；有的人认为平安是福……19世纪西班牙小说家瓦尔台斯在《第四种权力》中说："人是为了快乐被创造出来的。"快乐不歧视任何人，大多数人如果下定决心去过快乐生活，就一定能快乐。

是啊，快乐本来就是紧随生活的脚步，与生活相伴而生的，只不过我们没有仔细去体会罢了。如果我们的眼睛只盯着那些不好的方面，便会对快乐视而不见。如果试着改变一下自己的观察角度，或许就是另一个样子。

有个老太太生了两个女儿，大女儿嫁给伞店老板，小女儿当了染坊店的主管。于是老太太整天忧心忡忡。逢上晴天，她怕大女儿伞店的雨伞卖不出去；逢上雨天，她又担心小女儿染出的布晾不干。天天为女儿担忧，日子过得很忧郁，久而久之，愁出了一身的毛病。

后来一位聪明人告诉她："老太太，你真是好福气，下雨天，你大女儿的伞店会顾客盈门；而晴天你小女儿的布店又生意兴隆，不论哪一天你都应该高兴才是啊！"老太太一想，果真是

这个道理，从此，老太太便整天笑容满面，再也不忧郁了。

事情本来就是这么简单，同样的天气，心态一转，忧愁就变成了快乐。其实，事情往往就这样，感到不幸，是因为心态不正确，是因为我们排斥快乐，而不是事情本身带有不幸。如果抱着抵触情绪，即使快乐悄然降临身边，也会毫无觉察，与之失之交臂。

林肯说过："大部分的人，在决心要变得更快乐时，就会有那种快乐的感觉。"快乐是一种感觉，快乐的根源是我们的头脑，而不是口袋里所藏的东西。所以说，快乐只在一念间。

英国哲学家罗素说："快乐的生活在很大程度上，必是一种宁静安逸的生活，因为只有在宁静的气氛中，真正的快乐才能得以存在。"

试问，一个人尽管在外面获得安全，而他的心境常是忧惧恐慌的，其快乐又有几分呢？斯宾诺莎认为：一个人的快乐，即在于他能够保持自己的存在。费尔巴哈也有类似的论述，他说，生命本身就是快乐。他认为快乐是生活的本性：所有一切属于生活的东西都属于快乐，因为生活和快乐原来就是一个东西。亚里士多德认为美德就是快乐。他说："行为所能达到的全部善的顶点又是什么呢？几乎大多数人都会同意这是快乐。"不论是一般大众，还是个别出人头地的人物都说："善的生活，好的行为就是快乐。"

快乐是不让交通、雨水、炎热、寒冷以及不得不排队等候等情况影响我们的心情。快乐是做我们喜欢的事，是喜欢我们所做的事，是生活中有很多希望，是永远祝福别人。快乐首先是个人的决定。每个清晨，当我们醒来的时候，我们都有机会选择让自己快乐还是不快乐地度过难忘的一天，或者只是又过一天而已。

快乐是一种态度。不管是我们面对一项全新的事业，还是面对生活中出现的任何一种新的情况，人生道路上的每一个境遇都给了我们一个积极应对或消极应对的机会。正是我们选择的应对方式，决定了在事情结束后我们所感受到的快乐和不快乐的程度。

快乐更多的时候是一种心境，追求快乐，包含着人们对美好生活的企盼，更寄托着人们对人生境界的追求。不同的人有不同的志向和理想，体现了不同的信念追求和价值取向。"人活着是要有一点精神的"，人生的价值并不在于获取了多少、享受了多少，更多的时候在于为社会做了多少贡献、给他人带来多少福祉。因为只有这样，人类才能繁衍生息，社会才得以不断进步。否则，人人都去索取，都去为了个人的快乐而不顾他人的感受、甚至不择手段，人类社会就会灭亡。因此，那些为人民谋利益、谋快乐的人，本身也是最洒脱、最快乐的人。

快乐不是给别人看的，与别人怎样说无关，重要的是自己心中充满快乐的阳光，也就是说，快乐掌握在自己手中，而不是在别人眼中。快乐是一种感觉，这种感觉应该是愉快的，使人心情舒畅、甜蜜快乐。

只要内心充满阳光，哪里都是艳阳。

后记　心宽，路就宽

　　人生一世，活的是什么？是心态。心态对了，事就做对了；心态好了，一切都好了。心态好了，一切压力都变小了。

　　史蒂夫·乔布斯生前说过一句话：你的时间有限，所以不要为别人而活。不要被教条所限，不要活在别人的观念里。不要让别人的意见左右自己内心的声音。最重要的是，勇敢地去追随自己的心灵和直觉，只有自己的心灵和直觉才知道你自己的真实想法，其他一切都是次要的。

　　当你面对生活、工作中的各种困扰时，不妨想想乔布斯说的这句话。相对于浩瀚宇宙，人的寿命就如时光的一个点，极为短暂。开心是一天，不开心也是一天，我们何不开开心心地度过每一天？

　　心态好的人都是乐观的人，面对相同的一个事物，悲观者和乐观者的态度截然不同的。乐观的人仰望天空时，看到的是天空的高远和湛蓝，顿感胸襟也博大起来。悲观的人看天空是压抑的灰色或一片浑浊。乐观的人即使遇到一大堆难缠的或棘手的事也依然微笑对面，悲观的人却总是抓住一件小事紧紧不放甚至耿耿于怀，感到步履维艰。

　　心态好的人很容易看到希望，做起事来着眼于光明，总往好的一面想。虽然，积极乐观的心态不是每个人与生俱来的。但当你发现自己常有悲观心态时也不要失望，你完全可以通过心理训练，逐渐地培养起乐观心态。最行之有效的办法就是有意识地和积极乐观的人在一起，经常与传递正能量的人在一起，经常与爱笑的人在一起。这样，我们就能调动自己的积极心态，笑对人生。

不要给自己的人生设限，你要相信人的潜能是无限的。每个人都可能遭受情场失意、官场失位、商场失利等方面的打击；每个人都会经受委屈时的苦闷、挫折时的悲观、选择时的彷徨，这就是人生的真实面目，这也才是真的百味人生。那么，如何面对打击，如何面对失败，是你人生的最大挑战。

为此，你需要一种定力，一种外风云而不变的淡然。这种发自你内心的力量才是你成就自我的原始力量。因为真正促使你昂首向前的，不是顺境和优越，而是发自心底的恬淡。淡看一切，以平和的心态工作、生活，你的压力将不再是压力，而是无形的向上的动力。

记住：心宽，路才会宽。